野 趣 上 海

YEQU SHANGHAI

野 趣 上 海

YEQU SHANGHAI

野趣上海

YEQU SHANGHAI

《野趣上海》编写组 著

上海科技教育出版社

编写组

主 编

任文伟　金惠宇

编 委

涂荣秀　李　柯　施雪莲
严晶晶　张建卫　何家婧

编写人员

杨　刚　朱筱萱　彭丽瑾　殷海生　李　柯
赵莺莺　夏　欣　何　鑫　谢文婉　杨　静
寿海洋　张　凯　宋晨薇　冯雪松　胡　坚

目 录

C O N T E N T S

序：于广厦间寻莺啼

◇

在大中华地区说起自然保护，人们的第一反应往往会是洞庭鄱阳、白山黑水、三江之源，而说起自然教育的典范，人们则常常提及香港、台湾、上海、苏州等地。自然工作者保护的生态系统与大众欣赏的自然之间似乎有一个悖论：广袤的野外拥有巨大体量的自然资源，它们是欣赏自然的绝佳去处，但正是因为地广人稀，很少有人会花特别心思去指导访客如何欣赏；相反，大都市里聚集了更多的社会资源，城市管理者往往会将有限的土地资源利用到极致，对小块的栖息地进行相对精细的管理，并对空间有限的科普场馆进行精心布置，从而高效地向访客介绍自然。编撰本书的目的之一，就是希望整理出藏在上海闹市之中最有代表性的野趣，鼓励人们了解和体会自然，并为寻觅野趣提供参考。

世界自然基金会 (WWF) 与上海市野生动植物保护管理站其实一直就在努力将自然资源与社会资源相结合，寻找既交通便利又充满郊野之趣的地区。相对于上海市区，崇明岛尚可算是广阔之地，它是候鸟迁徙的重要停歇地，是需要人们投入很多精力开展保护的地区。同时，上海也有着丰富的社会资源，可以让人们在市内就能参观展馆、体会郊野。想不到吧？其实在鳞次栉比的广厦之间就藏着许多可以学习自然的机会——那些精心布置的展馆、别具匠心的城市公园让人们足不出城就可以看遍古今中外成千上万的物种。而在距离市中心个把小时车程的地区，人们就可以体验芦荡万顷、飞鸟翩跹的自然美景。所以各位读者，不管您是上海本地的居民，还是来沪旅游的贵客，只消继续翻阅本书，各种野趣攻略便一览无余，各位不妨据此一一探索。

当然，如果我们将眼光从这一个个具体的地点抽离出来，从更广阔和长久的角度来看野外，上海这片土地，应当视为一个与自然紧密结合的人类群落。对于大多数现今的上海人而言，"海"或者"野外"只是一个模糊的概念，因为在日常生活中除了高楼大厦，能见到的和自然最为相关的事物至多也就是城市公园和黄浦江了。但是请不要忘记，上海是一个典型的河口城市，和我国及世界上的其他河口城市——例如广州、伦敦、阿姆斯特丹、曼谷等——类似，其历史发展曾是高度依赖自然的。在开埠之前，得益于密集的水网，上海是典型的鱼米水乡。历史上的上海（或许此处说松江更为确切）人民，将自然界慢慢沉积形成的新土地开垦成农田，在河海交汇的丰富营养中渔樵耕读、赏花闻莺。而这些场景和地区，不正是我们探索野趣的地方吗？看看上海的地名吧，洋泾浜（今延安路）、肇嘉浜、徐家汇等，有多少名字和水没有关系呢？没讲错吧，河流湿地才是上海不变的脉络。

20世纪中叶，上海工农业的迅猛发展导致湿地质量严重退化、郊野面积急剧减少。城市的脉络一度奄奄一息——90年代，上海市区的人均公共绿地面积仅等同于一双鞋的占地，也就是说除了行道树和公园以外，市民恐怕只能在自家阳台或者花鸟市场里寻觅到一丝自然的气息。近年来，得益于城市管理观念的转变，通过城市的环、楔、廊、园的绿化建设，以及公园破墙开放等，目前上海人均绿地面积从"一双鞋"逐渐增长到"一张报纸"、"一张床"、"一间房"。如今，公共绿化大量普及，居住社区变得环境优美，市民对于"绿"的观念也有了明显的改变。到 2020 年，上海绿道总长度将达到 1000 余千米。这些绿道将像"线"一般，串联起城市公园、郊野林地、历史建筑、传统村落等"珍珠"。上海将重闻莺啼蛙鸣，再现水清天净。

这样想来，我们不妨换一个角度来看待这座城市。野趣既是上海浪漫的过往，也是美好的未来。如果愿意将繁荣的陆家嘴和南京路视作这片水乡中的新生事物和发展进程中的一个阶段，那么我们在探求野趣的时候，其实也在贴近这座城市最本源的历史。而同样，人类作为自然界的生物，郊野不也是我们起源的地方么？我们发展的最终点，或许就是物质精神富足后的重归自然吧。

最后还要赘言几句。本书所总结的上海最易发现野趣的地点，是基于诸多自然保护工作者的经验汇编而成的。我们最大的愿望，除了分享这些场所的信息之外，更希望本书成为读者亲近自然的起点。如果各位读者能够在访问书中所列地方之后，逐渐激起对自然的情感并主动学习更多知识，甚至觉得不够尽兴而主动探寻更多区域，找到不太为人所知的野趣，则是更大的收获。而同时，我们也真诚希望，在城市管理者的不懈努力下，上海会有更多形式的野趣去处，让这本书变得越来越厚。

祝各位读者在上海"野"得尽兴！

《野趣上海》编写组

上海自然博物馆

[崔滢摄]

　　没有一个博物馆能像上海自然博物馆这样，在旧馆闭幕时忽然引发大量市民的怀旧热潮。从 1868 年法国传教士韩伯禄创立徐家汇博物院，到 1956 年在延安东路 260 号建立场馆，开启了几代博物馆人默默耕耘的奋斗史，也承载着上海人 50 多年的博物馆情结。

　　2015 年，上海自然博物馆新馆正式开放，以现代而贴近自然的设计，又一次让人们惊喜。绿色的"鹦鹉螺"里，"山水花园"再现原始风貌，上天入地的动物标本令人身临其境，甚至还有一家名为"1868"的咖啡馆，默默讲述着上海百余年的沧桑历程，也诉说了城市与自然、与野生动植物保护不解的情缘。

野趣推荐

生命长廊

◇

　　很难说哪一件藏品是博物馆的镇馆之宝，但是基于保护生物学研究的自然教育是自然博物馆亘古不变的主题。生命的记忆长廊位于地下一层（B1），连接了"演化之道"展区和"未来之路"展区，展示了 1500 年以来灭绝的 198 种动植物剪影图，其中 39 种著名物种以科学绘画的方式呈现。这是一幅美丽而忧伤的画卷，是上海自然博物馆记录的历史见证与警示。千万别匆匆掠过，这里的看点很多很多。

△ 生命长廊

野趣寻踪

我们到底从哪里来

◇

　　要追寻野趣，或许可以先从我们的思考开始呢！那些关于宇宙和生命的话题，在历史长河中永远为大家所关注。宇宙到底有多大？我们的地球在何处？人类出现以后就从未停止过对宇宙的探索。从中国古代的浑仪、简仪，到后来的第一台天文望远镜——伽利略望远镜，到现在各种大型光学望远镜、射电望远镜，天文观测仪器也有自己的发展史。宇宙大爆炸究竟是怎么一回事？在超酷炫剧场里，感受宇宙大爆炸的神奇力量，见证地球诞生的奇妙时刻。

我在哪里？

各种天文仪器二楼　"起源之谜"展区
宇宙大爆炸的秘密二楼　宇宙大爆炸剧场
关于自然的超级体验　二楼四维影院
马门溪龙、蓝鲸等标本　一楼"生命长河"展区

▽ 起源之谜

△ 生命长河（崔滢摄）

　　宇宙诞生以后，什么时候有了生命？生命从何而来？最初的生命又是什么样子？用 RFID 技术，可以感受生命的 7 个基本特征，以及细胞、体内平衡等。在"起源之谜"的平台上，可以俯瞰整个"生命长河"展区。蛇颈龙怎么可能和蓝鲸生活在一起？在这里就可以！生存在不同年代、不同地区的一百多种生物聚集在一起，第一眼就十分震撼，让你舍不得把目光移开。

重回恐龙盛世

◇

　　从电影《侏罗纪公园》到《恐龙》，很多人对恐龙和恐龙时代充满了好奇。如果你是恐龙迷，眼前这么多恐龙骨架一定会让你激动不已。生命登陆以后，在陆地上不断发展壮大。到了中生代，地球上出现了各种各样的大型动物。爬行动物成为这段时

△ 恐龙盛世

期的优势动物，尤其是恐龙！所以中生代又被称为爬行动物的时代或者恐龙时代。"恐龙盛世"展项群的中生代大型爬行动物阵列，共陈列了 14 种 15 件恐龙化石和模型。

你可以首先找到多棘沱江龙。这种在我国四川省发现的恐龙，是目前研究得最多的中国剑龙类！它的臀部拥有尖刺，背部有两排约 15 对三角形骨板，尾巴末端有两对尾刺。别被它的大个子唬到啦！它可是植食性恐龙哦，这一点从不发达的牙齿就可以看出来！

接下来的展品更为丰富，中国的、外国的、肉食性的、植食性的恐龙都有！出自我国云南的两头禄丰龙，是上海世博会时云南馆的"镇馆之宝"，世博会结束之后云南政府捐赠给了上海科技馆，后来才搬到这里来安家。

别忘了看看暴龙仿真机械模型，它常常是各种恐龙电影里的主角呢！

我们脚下的沧海桑田

◇

虽然上海开埠才短短170多年，它已经飞速发展成摩天大楼林立的现代化国际大都市，但我们脚下的这片土地，也历经了海侵海退的洗礼，见证了沧海桑田的变迁，记载了由海成陆的历

▽ 多棘沱江龙　　　　　　　　　▽ 禄丰龙

我在哪里？

多棘沱江龙　地下一层"演化之道"展区，"恐龙盛世"展项群第一展台
禄丰龙　地下一层"演化之道"展区，"恐龙盛世"展项群第二展台
暴龙仿真机械模型　地下一层"演化之道"展区
寒武纪生命大爆发剧场、逃出白垩纪剧场　地下一层

史。到了今天，上海依然是候鸟迁徙的驿站、鱼类洄游的家园，也充满了自然与人的碰撞与融合。上海的过去、现在和未来，都在这里。

这马赛克瓷砖好嗲啊！好像有点眼熟……对！它们和老上海自然博物馆的地砖一样，很怀念吧？中间的这幅图案也是特制而成，可以说是上海代表性生物的融合，比如上海市的市花——白玉兰，还有狗獾、獐、白暨豚、鸻鹬等本地物种。

上海是如何从无到有，如何摆脱干旱拥有现在得天独厚的温润气候？在沧海桑田剧场里停留一会儿，你就可以知道答案。

▽ 候鸟驿站

上海自然博物馆

△ 沧海桑田剧场

我在哪里？

候鸟驿站 地下二夹层
特别定制地砖 地下二夹层长廊中间地上
沧海桑田剧场 地下二夹层

▽ 上海图标马赛克

生命的缤纷与神奇

◇

　　我们生活在钢筋水泥的丛林里，很少能够停下来看看其他物种的模样，所以在自然博物馆里特别打造了一些展品，大家在看到的时候，一定会不由得赞叹，原来生命是如此缤纷与神奇！

　　在纪录片里常常看到食草动物用自己的长角来打斗，当你看到纵贯两个楼层的"犄角争锋"时，脑子里会出现什么画面？这61件牛科（羚羊属于牛科）、鹿科动物的角，几乎全是馆藏标本，很多甚至能上溯到19世纪！由它们的这些角，便可以想见它们的体型和生活状态。触摸旁边的互动屏，还可以学习关于动物的角的丰富知识！犀牛角的成分原来和我们毛发、指甲的成分一模一样……

　　吃过松子，见没见过松果？见过松果，想没想过500颗松果"开会"是什么样子？抬头看！这可不是普通吊灯哦，而是一座松果吊灯！是不是很美，是不是很"壕"？它们全是来自北美的"外国松果"，有世界上最大的松果——糖松的松果，还有世界上最重的松果——柯尔特松的松果。

▽ 犄角争锋

△ 松果吊灯

我在哪里？

犄角争锋 地下二层"缤纷生
命"展区，整面跨层高墙

松果吊灯 地下二层"缤纷生
命"展区

15

一天玩转地球

◇

即使坐上喷气式飞机环地球一周，也需要好几天，而在上海自然博物馆，一天就能让你领略地球上的所有的生态环境。从酷热的赤道到冰封的两极，从寒冷的高原到漆黑的海底，地球上不同的环境造就了多样的生态系统。无论寒冷还是炎热，潮湿还是干燥，都无法阻挡生命拓展生存空间的坚定脚步。用不同视角解读最具代表性的生态大系统，体会生物与生物、生物与环境之间的唇齿相依，对于我们来说尤为重要。

极地是地球上最后的净土，有着特殊的生态环境和丰富的自然资源，企鹅和北极熊的命运也关乎着极地的未来。非洲大草原是人类诞生的摇篮，野生动物的王国，一场亲密而纯粹的生命之旅由此拉开。水是生命之源，在"自然之窗"的7个大型景箱里，千变万化的水，为我们展示了地球生态的极致之美。

▽ 极地展区

△ 自然之窗

我在哪里?

极地探索 地下二层"生态万象"展区
自然之窗 地下二层"生态万象"展区
非洲大草原 地下二层"生态万象"展区

自然力量 VS 生存智慧

　　感受大自然鬼斧神工的自然之力,不必远赴高山大海,只要来观赏一下这些琳琅满目的矿物晶体。在"绿螺"的珍宝盒中,一件件晶体宝藏,不禁让人赞叹大地母亲承载万物的博大胸怀!

　　这一小片怎么那么闪?竟然是自然金!和经过冶炼得来的黄金不同,自然金是天然形成的金块,一般呈树枝状、粒状、鳞片状和块状。主要产于高、中温热液成因的含金石英脉中,也可以产于火山岩系和与火山热液作用有关的中、低温热液矿床中。这件自然金的收藏价值就在于它保留了自然金形成时期的基岩，十分珍贵。

大自然拥有无穷的力量，但生存在其中的生物也毫不示弱呢！上海自然博物馆准备了 30 个精彩案例，展示了生物生存和繁衍的策略。瞧，黑鹭捕猎可是相当机智！它们将翅膀撑开形成一个伞形，遮住阳光，造成一片阴暗的区域。受惊的鱼儿会前来躲避，这个时候黑鹭就可以攻击啦！

如果还不过瘾，不妨来动手做实验，探讨一下光、温、水、土等环境因子对生物的影响，揭开大自然的奥秘。

黑鹭捕猎 ▷

自然金（崔滢摄）▷

野趣酷玩

探索中心

◇

　　上海自然博物馆的探索中心可能是上海最大的博物馆科学教育区,占地1200平方米,分为"化石挖掘区"、"一树一世界"、"主题教室"、"实验教室"、"观察研究室"五大部分。你可以当一回考古学家,了解化石的发掘方法,也可以用各种科学仪器观察标本,体会科学实验的乐趣。70余个自主开发的教育活动课程,以问题为导向,想象一下,你以科学家身份进行观察、记录、研究,该是件多么有趣的事呀!在快乐中体会自然科学的奥妙,培养自由独立的科学精神,小朋友们当然很喜欢,大朋友们也不妨一同来试试哦!

▽ 探索中心

丰富多样的教育活动

◇

自然教育比起课堂教育，当然要生动有趣得多。每天，自然博物馆都会推出许多丰富的自然教育活动，在不同的展厅都会有资深的自然导赏员针对不同主题进行讲解。有什么关于自然的问题吗？赶紧提问吧！

活动相关信息可以在官网"教育活动"一栏中查询。

△ 教育活动

我的自然放大镜

◇

在"体验自然"活体养殖区，你可以真真切切地触摸到生命的质感、观察到

△ 亲手触摸鲎（朱筱萱摄）

自然的变化。这是一片真实的"博物馆野趣"。中国鲎又叫马蹄蟹，它的祖先4亿多年前就已出现在地球上，与早已灭绝的三叶虫是近亲。它的血竟然是蓝色的！观众在工作人员的指导下，可以用手去感受一下极具年代感的鲎。

野趣视点

人类的未来之路在哪里

◇

　　自然界的生物灭绝还在进行中，人口剧增、物种灭绝等危机愈演愈烈，我们应该更多地探讨人类未来生存和发展的方式。这是自然博物馆永恒不变的主题，也是每个人的责任。节约身边的资源，多了解大自然，这些都是我们力所能及的事情，从这些一小步一小步的积累，才能筑成人类的未来之路。

△ "未来之路"展区

大家的博物馆，大家来爱护

◇

　　新馆开放以来，受到了社会各界以及各地游客的瞩目。我们在此倡议，每个来到上海自然博物馆的人，都把这里当作大自然来呵护。因此，我们要做到：请勿攀爬、小手勿动、展区勿食、垃圾不留、慢走勿跑、

△ 木头龙和孩子们在一起

禁用闪光、轻声细语。来看看我们的文明参观的代言人木头龙先生，请你和它一起行动吧！

野 趣 点 滴

____年___月___日___ 天气_____ 地点___

上海海洋水族馆

　　从 400 多米高的东方明珠一下子移动到地下神秘的海洋世界，陆家嘴的繁华热闹瞬间被隔绝在外，只剩下你与远古到现代的海洋生物面对面，想想就很过瘾！

　　这里是世界上最大的人造海水水族馆之一，成千上万尾绚丽多彩的水生生物身怀绝技，悠游其间。它们各自有着特定的生存环境，与人类的关系也非同一般。无论是自己去发现水生生物的奥秘，了解鱼类的真实生活，还是组团报名，跟着水族馆经验丰富的科普老师体验有趣的活动，都会让你更加贴近和热爱海洋这个特别的世界。

野趣推荐

海洋中的至宝

◇

    大多数鱼都平行于水面游弋，但也有不少另类，它们是竖着游泳的。大家可以在水族馆二层"海岸展区"右侧的小鱼缸里首先找到海马，它隔壁的草海龙就是水族馆的镇馆之宝。它看起来很像海水中的一簇海藻，虽然不大，却是非常珍稀的海洋生物，生活在澳大利亚塔斯马尼亚岛附近的海域。

△ 草海龙

野趣寻踪

危险的 "美丽"

◇

众多的海洋动物体色绚丽多彩、非常美丽，但往往越美丽就越可能因有剧毒而十分危险。有毒一族的"美人"可分成"长毒棘的"和"身上带毒的"两大类。

长得像京剧中背插旌旗的武旦的狮子鱼、被喻为骗术大师的石头鱼、全身覆盖毒棘的海胆、拥有长长尾巴的鳐鱼和魟鱼，都属于"长毒棘的"生物，它们身上长有棘刺类"凶器"。

据说大约10年前，澳大利亚鳄鱼猎手斯蒂芬·欧文就死于魟鱼的毒棘刺。当他在一条两米半长的魟鱼上方平行游着的时候，

△ 狮子鱼

虹鱼突然向他发动袭击，它尾部锋利的棘刺正好刺进了他的心脏。虹鱼释放出大量毒素，欧文当即瘫倒死亡。

　　被称为"水中舞者"的水母、海葵、河鲀都属于"身上带毒的"生物，它们身体的某个部位带毒。如河鲀，它的肝脏和卵巢带有剧毒，偶有食客吃河鲀后毙命的报道。在日本的河鲀餐馆，烹饪河鲀的厨师需要有专业的资格证书才能上岗就业。

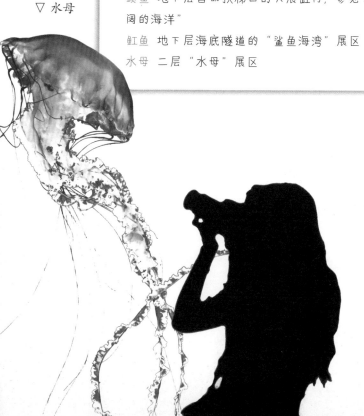

我在哪里？

狮子鱼、石头鱼 二层"海岸"展区，参见 25 号展板"危险的海洋动物"

鲼鱼 地下层自动扶梯口的大展缸内，参见 27 号展板"开阔的海洋"

虹鱼 地下层海底隧道的"鲨鱼海湾"展区

水母 二层"水母"展区

▽ 水母

善变的 "女人"

◇

　　变性，对人类来说比较另类，但对很多水生生物来说，生命过程中的变性现象屡见不鲜。我们熟悉的水生生物如石斑鱼、黄鳝、牡蛎、海葵鱼、红鲷、红剑鱼等都能变性。黄鳝出生时是雌性，大约 3 岁后变成雄性，因此黄鳝是先做妈妈后做爸爸，一生中体验了不同的性别。变性可能与其体内一种叫作抗雄激素的物质有关，这种物质阻止了雄性激素发挥作用。

　　如果说在水生生物中变性是常事，那变模样则是"小儿科"了。水族馆中的胭脂鱼被称作是真正"善变的女人"，它从小到大变化极大，可以说达到了"面目全非"的程度。

我在哪里？

胭脂鱼　水族馆三楼左侧第一个鱼缸，参见 1 号展板"濒临灭绝的中国淡水鱼"
石斑鱼　地下层海底隧道"石斑洞穴"展区

▽ 胭脂鱼

传宗接代的花样

◇

鱼类的繁殖有卵生、胎生和卵胎生之分。先说胎生，如同人类出生时就已成形，大鱼产下的是一条条成形的小鱼，许多大型鲨鱼都是胎生鱼类。卵生如同鸟类和龟类，先产下卵再由卵孵化出小鱼。鱼类可以产很多卵，但卵的存活率并不高。白点竹鲨是上海海洋水族馆的"光荣妈妈"，产下许多鲨鱼卵，鲨鱼卵经约120天的孵化破壳诞生出小鲨鱼。卵胎生看上去与胎生一样，胎儿直接从妈妈体内诞出，区别在于其发育时所需营养是依靠受精卵自身所贮存的卵黄，与母体没有任何物质交换关系。有一部分鲨鱼是以卵胎生来繁殖的。

我在哪里？

白点竹鲨、鲨鱼卵 水族馆三楼"海洋教室"触摸池
大型鲨鱼 地下层海底隧道"鲨鱼海湾"展区

白点竹鲨 △

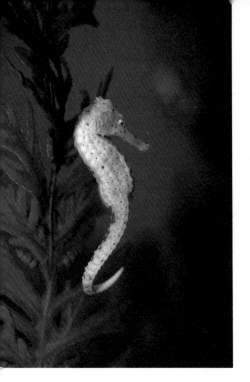

△ 海马

慈鲷鱼是口孵鱼，顾名思义，受精卵是在亲鱼口腔中孵化成小鱼苗的。如果够幸运，你能在水族馆见证小鱼们从鱼妈妈口中"诞生"。来自非洲大陆的马拉维湖慈鲷鱼繁殖时，雄鱼先用嘴挖产巢，雌鱼产下卵后雄鱼立刻游到卵上释放精液给卵授精。然后鱼妈妈将受精卵含入口中，在此期间不吃东西直到鱼宝宝们孵化。这种口孵行为大大提高了后代的成活率。

海马的繁殖更不可思议，是由爸爸来完成的。海马爸爸肚子上有个育儿袋，海马妈妈把卵子释放到育儿袋里，爸爸负责给这些卵子授精，还会一直把受精卵放在这个袋子里，直到小海马成形，才把它们释放到海水里。

我在哪里?

慈鲷鱼 二层"非洲"展区右侧鱼缸，参见 13 号展板"东非三大湖"
海马 二层"海岸"展区右侧小鱼缸，参见 23 号展板"海马"

生存之道

◇

水下危机四伏，想活下来可没这么容易，于是，水生生物们进化出各种本领，在海洋馆里，可以看到它们的"生存之道"。

射击 射水鱼在野外用嘴喷出水柱瞄射树上的昆虫获取食物,水族馆中的射水鱼只要稍加训练就能瞄射水面上方粘在圆板上的饵料。

△ 射水鱼

守株待兔 有一类水生生物采取守株待兔、以守为攻的觅食方式,水族馆中的裸胸鳝便是典型。虽然体长1米多、体粗10多厘米,但它们有本事整天把身体躲藏在礁石洞里,时刻等待着猎物的光临。

群游 很多鱼类是以群游的方式保护自己的,鲹鱼便是典型代表。一旦遇到敌害,它们不至于全军覆没,甚至可以保全大部分成员。

我在哪里?

射水鱼 二层"澳洲"展区,参见10号展板"红树林"

裸胸鳝和鲫鱼 地下层隧道"近岸珊瑚礁"展区

石头鱼 二层"海岸"展区,参见25号展板"危险的海洋生物"

保护色 石头鱼长得跟水中礁石一模一样，如果它们静止不动，就非常像一块礁石。保护色不仅使它们免受天敌伤害，更使它们容易觅食。

"搞关系" 鲫鱼是典型的免费旅行家，它们贴在大鲨鱼身上，既可免去其他鱼对它们的威胁（几乎没有鱼敢惹鲨鱼），又可轻而易举地获得鲨鱼嘴角漏下的残羹冷炙。有时，它们也会贴在水缸墙壁休息。

海葵有毒，大多数鱼类不敢靠近，小丑鱼因体表有黏液可免于海葵刺细胞的毒害。因此，生活在海葵中的小丑鱼不但能得到海葵的保护，还能以靓丽的体色为海葵引诱其他鱼类。

水族馆中医生鱼常常游进石斑鱼的口中帮助清洁口腔，医生鱼爱吃石斑鱼口中的碎屑，石斑鱼则享受医生鱼的清洁服务，何乐而不为！

我在哪里？

小丑鱼和海葵 水族馆二层"海岸"展区左侧第一个鱼缸，参见21号展板"珊瑚礁斜坡"

石斑鱼和医生鱼 地下层海底隧道"石斑洞穴"展区

△ 石斑鱼

野趣酷玩

与鲨鱼共眠

◇

　　水族馆最棒最精彩的玩法，是在晚上9点熄灯后，在地下层深海区海底隧道跟鲨鱼一起睡觉。

　　上海海洋水族馆的"夜宿水族馆"是一项亲身体验海洋的野趣活动。参与者不仅能体验与鲨鱼共眠，观察夜间的水生物行为，还能游览整个水族馆，遇见15 000多位水生"居民"（本活动建议5—12岁的小朋友组团参加）。

▽ 夜宿水族馆

请至上海海洋水族馆官网或电话预约。

水下情景学堂

◇

水族馆中的水下课堂是目前上海独一无二的体验项目。你可以坐在巨大的亚克力展缸前，聆听潜水员老师的讲课，也可以与潜水员对话。如果碰巧的话机器鱼 Leo 会为大家做水下助兴表演，观众可以借助 Leo 拥有的"鱼眼"近距离观看水下世界，身临其境地体验老师所讲的内容。

▽ 水下情景学堂

活动位于地下层自动扶梯口大展缸处，每天上午 10:15—10:30。

触摸鲨鱼

◇

你不仅能在水族馆里看到大鲨鱼，还能在触摸池里亲手触摸鲨鱼呢！别怕，这些被触摸的鲨鱼名叫白点竹鲨，是水族馆的"光荣妈妈"，它们产下了许多鲨鱼卵。

请一定记住

如何触摸哟：触

摸时请用两个手指

活动位于三楼自动扶梯右侧"海洋教室"触摸池。

顺向和逆向分别触摸鲨鱼，小心别抓痛鲨鱼。感觉一下鲨鱼全身皮肤上粗糙的盾鳞。鲨鱼的盾鳞除了保护鲨鱼免受伤害和免被寄生物附着，还可以增加身体的流体动力，让它们游得更快速。

△ 触摸鲨鱼

企鹅科普 Show

◇

企鹅过生日啦！它甚至邀你参加它的生日会。于是，一场别开生面的企鹅 Show 开始了。企鹅们摇摇摆摆地一一 Show 场后，水族馆企鹅饲养员和科普老师将和你一起演绎一场由企鹅们参与的科普剧。

▽ 企鹅 Show

活动位于二楼"极地"展区，每天下午 2:30—2:45。

鲨鱼吃饭

◇

水族馆里居住着许多大鲨鱼，它们的午餐吃什么？怎么吃？你可以亲眼目睹众多大鲨鱼一起吃饭的盛况。

活动位于地下层海底隧道"鲨鱼海湾"展区，每天10:50—11:10 和 15:20—15:40。

吃饭时间一到，两位潜水师就潜入水下，手拿专用喂食棒叉着鲨鱼爱吃的食物为大鲨鱼逐个喂食。这时这些娇贵的大鲨鱼如同小孩子一样，有的抢着吃，有的拒绝吃，有着百般模样。

▽ 鲨鱼

野趣视点

拒食鱼翅！

◇

　　请不要再食用鲨鱼了，因为鲨鱼所产后代很少，成熟得又慢，它们禁不起商业捕捞。鲨鱼是海洋食物链中处于顶端的生物，没有了鲨鱼，其他的海洋生物也会受到影响。

　　很多亚洲国家居民以食用鱼翅为享受，殊不知鱼翅取自鲨鱼鱼鳍，而鲨鱼没有了鱼鳍就不能游泳不能生存，因此吃掉一个鱼翅便是损害了一条生命。

保护海马

◇

　　海马正面临极大的危机，每年数以百万计的海马被捕捞以制成传统中药，或者被制成工艺品售卖。同时人类也在逐渐破坏珊瑚礁、红树林等海马栖息地。

　　我们提倡拒绝食用海马，拒绝购买海马制品。

保护珊瑚礁

◇

　　珊瑚礁是一个复杂的生态系统，容纳了种类繁多的水生动植物。目前这些珊瑚礁正在不断减少，这要归咎于破坏海洋的三大元凶：过度捕捞、环境污染和气候变化。我们人类要为保护珊瑚礁而努力。

野 趣 点 滴

____年___月___日___ 天气_____ 地点___

上海昆虫博物馆

昆虫中的飞行家　　跳高冠军——黄条跳甲

[张峻松摄]

　　地球上数量最多的动物是什么？是哺乳动物？是鸟类？是爬行类？都不是！通常，人们都会忽视个头小小的昆虫，却不料它们才是我们生存的这个星球上种类最多的动物群体，几乎超过了所有生物种类的50%，踪迹几乎遍布世界的每个角落。仔细想想，是不是在家里就能见到它们了呢？

　　欢迎来到昆虫之"家"——上海昆虫博物馆。

　　在这里，你可以和2亿年前蜻蜓的化石标本合影，可以惊叹巨大的铠甲武士——甲虫，可以寻觅身怀隐身技能的竹节虫，也能听到可爱蝈蝈欢快的歌声，还可以自己动手制作精美的蝴蝶贺卡。经过一番探索，或许可以大大改变你对昆虫的看法哦！

野趣推荐

未来的国蝶

◇

　　金斑喙凤蝶属于鳞翅目凤蝶科昆虫，极为罕见。大家可以在一楼第二展厅中间"W"型区域看到它的标本。它是国家一级保护动物，被列入《国际濒危凤蝶红皮书》。这种大型凤蝶的前翅有一条弧形金绿色的斑带，翅上鳞片闪烁着幽幽绿光，后翅中央有金黄色的斑块，后翅的尾部突出细长的一小截，颜色金黄。它常飞翔在林间的高空，时而停在花丛间，姿态优美，光彩照人。

△ 金斑喙凤蝶

野趣寻踪

拟态的智慧

◇

自然万物的智慧无穷，也常常为人类所利用。拟态，是指一种生物模拟另一种生物，或模拟环境中的其他物体从而获得好处的现象，也称为生物学拟态。昆虫中许多螽斯、螳螂、蝉、蝴蝶和蛾子有这种功能，用于保护自己。昆虫博物馆内当然少不了这样的看点。

仔细看看这片绿色的叶子，其实它是大名鼎鼎的拟态昆虫叶螬，也称叶子虫。它的头小、腹部宽扁，一对前翅平放在身上就如同一片完整的树叶，六只足也呈扁平状，边缘有类似被毛虫咬过的痕迹，模仿那些被昆虫蚕食过的枝叶。

▽ 叶螬

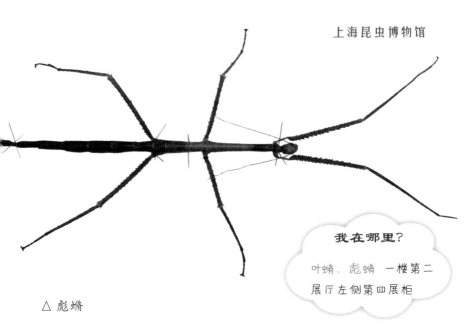

我在哪里？

叶䗛、彪䗛 一楼第二
展厅左侧第四展柜

△ 彪䗛

　　再来看看这根枯树枝，哟，它会动！彪䗛，就是大家所说的竹节虫。它是昆虫中身体最长的种类，整个身体褐色，细长，竹竿状，六只足也呈棍棒状，边缘有刺。一般生活在树枝上，与周围环境融合在一起，极难被发现。

　　所有这些伪装只有一个目的，就是躲避鸟类或青蛙等动物的捕食，是不是很聪明？

珍贵的彩蝶

◇

　　看到翩翩起舞的彩蝶，谁不会为之着迷？全世界有 10 000 多种蝴蝶，其中有你想象不到的美丽。在昆虫博物馆，可以看到不少典型的蝴蝶。

　　丝尾鸟翼凤蝶也叫极乐鸟凤蝶，种名 *Paradise* 就是"乐园"和"天堂"的意思。它是世界上非常珍稀的蝶类，分布于巴布亚

47

新几内亚。所有鸟翼凤蝶中，它是最独特的一种，看看它的后翅，这种细长的丝状凤尾突十分罕见。雄蝶颜色艳丽夺目，呈金绿色、金黄色、黑色、白色，甚至蓝色或橙色，雌蝶大多为黑褐色。它们数量稀少，面临灭绝的危险，被列入《华盛顿公约》（CITES）保护级别Ⅱ类。

再来看看这只蓝色的闪蝶，前翅两端的蓝色有深蓝、湛蓝、浅蓝，不断变化，整个翅面犹如蓝色的天空中镶嵌着一串亮丽的光环，像是一件稀世珍宝。这种光明女神蝶是秘鲁的国蝶，又名海伦娜闪蝶、蓝色多瑙河蝶，是世界上最美丽的蝴蝶之一。

夜光白闪蝶通身白色，也被称为夜明珠闪蝶，整个翅面在灯光的照射下，从不同的角度看，闪耀着乳白色到淡蓝色不断变化的绚丽光芒。通翅薄如绢，从翅面还可看到翅背的花纹。在闪蝶科中，它与光明女神闪蝶、塞普洛斯闪蝶、尖翅兰闪蝶并称四大美蝶，是蝴蝶中的精品。

△ 丝尾鸟翼凤蝶

光明女神蝶 ▷

我在哪里？

丝尾鸟翼凤蝶　二楼第四展厅中间六角型区域
光明女神蝶　二楼第四展厅中间六角型区域
夜光白闪蝶　二楼第四展厅中间六角型区域

◁ 夜光白闪蝶

形形色色的金龟子

◇

　　说到陪伴人们最多的昆虫，金龟子也许能算一类。小时候，谁没有过在西瓜皮上养上一只金龟子的有趣经历呢？还记得著名的少儿节目主持人"金龟子"吗？昆虫博物馆里的金龟子也能让你大开眼界！

　　长戟犀金龟，又称长戟大兜虫，看它的那两支"长戟"，就知道是个厉害角色。长戟犀金龟是世界上最大的甲虫，是昆虫收藏中的珍品。它的学名是 *Dynastes hercules*，*Dynastes* 是属名，*hercules* 叫"种加词"，是用来形容这个物种的特点的。希腊神话中的大力士、主神宙斯的儿子名字就叫赫拉克勒斯（Hercules），可见长戟犀金龟的重要特点是"力气大"。它的头部中央长有一个弯曲的角突，胸部中央也长有一个弯曲的角突，仅仅凭借这些，它就可以轻易地将坚硬的果壳戳碎。

这里还有世界上最重的甲虫——大角金龟，它身体黑色，被绒毛，头部、胸部以及鞘翅有白色条纹，头部前端长有一个分叉的角突。它的学名是 *Goliathus goliathus*，单从这个名字就能看出它的特色，哥利亚（Goliath）可是《圣经》中巨人的名字呢。

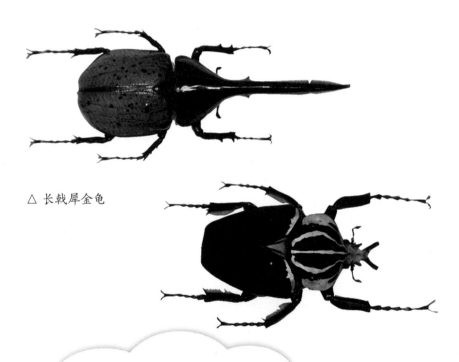

△ 长戟犀金龟

△ 大角金龟

我在哪里？

长戟犀金龟 二楼第四展厅右侧世界名虫区域
大角金龟 二楼第四展厅右侧世界名虫区域

野趣酷玩

快乐蝴蝶苑

◇

　　想不想自己动手制作一只美丽的蝴蝶？来快乐蝴蝶苑，你就可以将美丽的蝴蝶标本制作成一张精美的蝴蝶贺卡带回家，这里让你体验动手制作的乐趣，同时充分了解蝴蝶的身体结构。

> 活动位于二楼第四展厅"动手做"区域。

△ 制作蝴蝶贺卡

慧眼识昆虫

◇

　　考考你的眼力，长长你的昆虫知识。操作触摸屏，你可以看见许多平时看不到的虫虫，可以了解昆虫的不同种类及其身体

> 活动位于一楼"触摸屏互动游戏"区域。

特征等知识，张开你的慧眼，熟记每种昆虫的具体位置，然后完成昆虫的配对。

蚁巢探秘

◇

　　快来看看蚂蚁是如何生活的！观摩蚂蚁的巢穴，了解蚂蚁的巢穴构造及生活特点，了解兵蚁、工蚁和蚁后的形态区别和各自作用。

△ 观摩蚁穴

活动位于一楼第一展厅左侧区域。

昆虫音乐乐园

◇

让虫虫唱出你的心声！操作触摸屏，了解鸣虫的生活特点，学习昆虫鸣叫的目的和方法，并将昆虫的鸣声通过与熟悉的歌曲进行混搭播放，体验大自然的歌声带来的快乐。

活动位于二楼第三展厅"触摸屏互动游戏"区域。

| 电报蛉 | 纺织娘 | 蝈蝈 | 黄蛉 |

△ 扫描二维码了解鸣虫叫声

"小小法布尔"科学探索营

◇

针对一些有很好昆虫学基础知识的学生，上海昆虫博物馆进行重点辅导、重点培养，拓展他们的学习空间，因此每年都举办"小小法布尔"科学探索营。

在野外的科学考察中，学生们在父母视线之外，自我管理，学习与人相处的经验，学习野外生活的技能，也学习各种自然知识。他们在老师的带领下，以小组为单位进行活动，学习收集植物叶片、观察蘑菇、捕捉蝴蝶、采集甲虫、捕捉趋光性昆虫等工作，还要最终完成自己的科考小报告。

△ 野外识虫

请留意上海昆虫博物馆官网。

野趣视点

上海昆虫博物馆从何而来

◇

中国科学院上海昆虫博物馆的前身为法国人韩伯禄创办的震旦博物院。韩伯禄是一名耶稣会传教士，动物学家，中国最早的自然博物馆创始人。他于1868年初（清同治七年）到达上海，开始创建中国最早的自然博物馆：徐家汇博物院。其后多次深入内地考察，采集了大量珍贵的动植物标本。

后因多年积累的标本实在太多，于1930年在吕班路（今上海市重庆南路）新建震旦博物院，徐家汇博物院也因此迁到了震旦博物院。当时博物院设有陈列室、研究室、实验室、图书室等，储藏中国所产的动植物标本为远东第一，被誉为"亚洲的大英博物馆"。

1953年震旦博物院由中国科学院接管，归属中国科学院昆虫研究所上海工作站，1970年改名上海昆虫研究所，2004年组建中国科学院上海昆虫博物馆，就是我们今天看到的模样。

上海昆虫 ▷
博物馆

为何展馆活体昆虫那么少？

◇

为什么上海昆虫博物馆昆虫标本多而活体昆虫少呢？因为，首先，展馆一般饲养个体大、体色鲜艳、招人喜爱的昆虫，所以很多农业昆虫、卫生昆虫就被拒之门外了；其次，展馆所饲养的个体大、"颜值高"的虫虫还得是我们国家有分布的种类；最后，要饲养一种昆虫，就要了解它的习性，保证它的食物供应，这意味着得同时种植它吃的植物或养殖它吃的小生物，就好比养蚕先种桑树一样，你说难不难？如此一来，展厅能养殖的昆虫，就少之又少了。

能否饲养漂亮的境外虫虫？

◇

外来物种一直是一个热门的话题，我国由外来物种造成的各类危害数不胜数。以前的外来物种大多为非人为因素进入国内，如今随着网络购物的飞速发展，一些宠物爱好者通过网购从境外采购外来物种，进行饲养繁育，昆虫就是其中之一。作为宠物，个大体艳、外形奇特是每一个虫虫爱好者的追求，可以理解，但昆虫具有繁殖快、繁殖量大、（很多种类）会飞、个体小、不易被发现等特点，外来昆虫物种一旦在本地区蔓延，就会为今后的防治带来非常大的困难。万一给我们国家造成无法挽回的损失，还要承担法律责任。因此建议虫虫爱好者（也包括其他宠物爱好者）拒绝采购、饲养这些非常漂亮的境外小虫虫，并督促身边的大人和朋友也这么做。

野 趣 点 滴

____年___月___日___ 天气_____ 地点___

苏州河梦清园

环保主题公园

[李柯摄]

　　上海曾有一条美丽的河流，岸绿水清，鱼虾满河，源远流长。如今这条河流仍然在我们身边奔流不息，见证都市的繁华和变迁，只是身影稍显灰暗，不能让人俯身亲近。它就是陪伴、塑造着魔都上海的母亲之河、传奇之河——苏州河。

　　苏州河流经普陀区的一段河道蜿蜒曲折，在昌化路桥和江宁路桥之间的河湾南岸有一块三面临水、绿树成荫的半岛，占地8.6公顷的梦清园环保主题公园就坐落在此。从2004年开园以来，梦清园已经远近闻名，成为人们了解苏州河历史的教育展示中心，它如同一所河流大学的社区分校，为人们开设了认识母亲河的自然课堂。

　　探访梦清园的小旅行四季皆宜，和孩子一起出发吧，忆水、观水、玩水、思水，听苏州河叙说往日今朝，发现身边的野趣。

野趣推荐

清涟湖，水乐园

◇

　　亲近自然体验水趣的方式很多，与远山溯溪、大海听潮相比，这繁华都市里的一方活水更值得我们珍惜。梦清园里有一处名为"清涟湖"的小池塘，天然的水岸边有垂柳、卵石、沙滩，池水清澈见底，颜如碧玉，微风轻拂时，树影婆娑，水面泛起涟漪，成群的鱼虾在水中游弋。奇妙的是，这一池清水就来自近在咫尺的苏州河，小池塘串联在园区水体生物净化系统中，河水经过该净化系统层层净化，来到此处恢复了清澈的原貌。孩子们在这里流连忘返，找到一处亲水玩水的小小"上海滩"，收获一份发自内心的快乐，也许还能从中领悟到上善若水的真谛。

△ 清涟湖（李柯摄）

野趣寻踪

以史为鉴，与水相知

◇

　　园内设有梦清馆，这是一幢三层楼的历史建筑，与苏州河的命运有着不解之缘。它过去是上海斯堪托维亚啤酒厂的厂房，由传奇建筑设计师拉斯洛·邬达克设计。这家啤酒厂于1912年落户上海，最初酿酒的用水就直接取自苏州河，啤酒因品质纯正畅销上海，可以想见那时候的苏州河还是一条鱼水共存、自然环境良好的河流。

　　置身梦清馆，感受得到一种宁静久远的氛围，沿着展厅导览线路，苏州河的沧桑岁月一幕幕浮现在眼前。苏州河发源于太湖瓜泾口的吴淞江，由西向东穿过上海城区，在外白渡桥处汇入

▽ 梦清馆内景（1）（李柯摄）

我在哪里？

苏州河的故事　梦清馆一层
苏州河的变迁　梦清馆二层
苏州河的治理　梦清馆三层

△ 梦清馆内景（2）（李柯摄）

黄浦江。过去的吴淞江有两条支流，一条叫下海浦，一条叫上海浦。宋代建镇时，因临近上海浦而取名为上海镇，上海的地名就源于此。1843年上海开埠，历经一百多年的发展，由一个海边小镇变身为一座国际大都市，苏州河承载了城市航运、工农业和生活用水的重担，可谓功不可没。然而人类无度的索取逐渐令苏州河生态系统陷入崩溃的绝境，到20世纪80年代，终年黑臭的苏州河已然是上海人心中挥之不去的隐痛。

历史总是惊人地相似，在工业革命经济腾飞的时代，巴黎的塞纳河、伦敦的泰晤士河、维也纳的多瑙河都经历了先污染再治理的怪圈，为此付出了高昂的代价。河流是一面映照城市文明的镜子，它时刻催促着人类与自然和谐相处的理性回归。苏州河的治理从 1988 年启动，经过三次大规模治理，苏州河已基本告别黑臭，主要水质指标达到 V 类景观水标准，一些投放的试验鱼种也能在河里生存下来，苏州河的河流生态正在逐步恢复中。以史为鉴，梦清馆三层展厅勾勒出一幅跨越时空的苏州河全景图，运用大量珍贵图片资料、实物模型、互动教具和多媒体剧场向公众重现了苏州河的历史变迁，呈现城市水生态失衡的惨痛代价，用过去十多年来修复河流生态的历程见证和展望一个水清梦圆的未来上海。

探访湿地，与水同行

◇

参观了梦清馆，怀揣着一份让苏州河重新变活变清的愿望，我们可以继续前行，去探访一条流淌在园中的小小"梦清河"，看看真实环境中怎样借助大自然之力将苏州河水变活、变清。

园区西南侧的河畔矗立着一座仿制的宋代水车，整个景观水体生物净化系统的源头就设在这里。河水提升后导入沉淀池，从折水涧的阶梯小瀑布下泄，河水与大气充分接触后，增加了水中的含氧量。河水下行流经芦苇湿地，水中的有机污染物被拦截、

▽ 仿制宋代水车（李柯摄）　　　▽ 折水涧（李柯摄）

吸收和分解，经过氧屏障的曝气充氧作用，去除易挥发、易氧化的污染物。当河水汇入下湖和中湖，吸收污染物、光合作用充氧和稳定水质的任务就移交给生机灵动的水生生物大家族。湖面有睡莲、浮萍等衬托水景，湖底有苦草、菹草、伊乐藻、狐尾藻扎根，湖边有挺拔的宽叶香蒲、美人蕉、千屈菜、水葱守护岸基，看得见的有鲫鱼、鲤鱼、鲢鱼、鳙鱼、麦穗鱼、食蚊鱼，隐身在水下森林里的则是泥鳅、黄鳝、河蚌、螺蛳、泥虾、藻类和小型浮游动物，有时湖边还能发现不请自来的金钱龟、牛蛙等外来入侵物种。

在这个完整的水生态系统作用下，下湖和中湖的水变得清澈可鉴。在活水净化系统连续运转时，湖水水位会被再次提升，经过空中水渠下泄充氧，穿过富于设计感的蝴蝶泉、充满象征意义的虎爪溪，最后融入水清岸绿的清漪湖，此时河水已经达到人体可以触摸的水质标准。应邀加入这趟净化之旅的河水获得了"治愈"，当河水恢复元气和生机后，又即刻给予人们友善的回报。师法自然的人工湿地净化系统既为园区绿化提供了清洁的灌溉用水，又给孩子们带来了一方赏心悦目、触手可及的亲水空间。

▽ 空中水渠（李柯摄）　　　▽ 蝴蝶泉（李柯摄）

△ 丝光椋鸟（李柯摄）　　　　△ 乌鸫（李柯摄）

寻访野趣，与鸟共鸣

◇

建园之初，梦清园引种了160多种乡土植物，有高大的枫杨、栾树、银杏、香樟，悦目的金桂、银桂、蜡梅、紫薇，养眼的薰衣草、醉鱼草、波斯菊，还有地表随处可见的酢浆草、活血丹，园中绿化率达到84%。这些为景观效果引进的植物与人工湿地生境交融，相得益彰，渐渐成为蝶蜂飞舞、野鸟栖息的野趣公园。

"良禽择木而栖"，在梦清园则可以说"野鸟亲水而居"。只要稍加留意，水边、林间、草地，到处都能看到飞羽精灵的身影。如果有备而来，带上一册观鸟图鉴，一只双筒望远镜，或是一台配有长焦镜头的照相机，就能拉近我们与水

我在哪里？

各种常见鸟类 苏州河沿岸，园区人工湿地，园区竹林

边野鸟的距离。三三两两的夜鹭常在大鱼岛河岸边守望,成群结队的白腰文鸟在折水涧的芦苇丛中悄悄絮语,一只灰喜鹊飞到空中水渠的积水洼边畅饮,几只乌鸫和珠颈斑鸠在蝴蝶泉的小池塘找到了露天浴室,白头鹎们把清涟湖当作自家的后院,丝光椋鸟在星月湾找到私密的爱巢,每一处近水的浅滩都有野鸟的身影。

清洁的水是野鸟生活所必需,除了饮用,它们也会用水清洁羽毛、洗脸洗脚,甚至嬉戏玩耍。梦清园并未刻意为这些美丽的野生动物设计栖息场所,但园中的密林、人工湿地的浅滩正是它们喜爱的生境。当傍晚来临,园区主路边的竹林里会响起婉转动听、令人沉醉的鸟雀奏鸣曲,也许,那是鸟儿们为梦清园创作的自然赞歌。

白腰文鸟(李柯摄)▷

北红尾鸲(李柯摄)▷

野趣酷玩

梦清园水生态观察笔记

◇

　　不论哪个季节去探访梦清园，在步道旁、树林中、池塘边都能找到五彩缤纷的自然野趣，乌桕的落叶、栾树的种子、野鸟换羽脱落的羽毛、银杏大蚕蛾留下的茧……而关于水的故事，梦清园提供了取之不尽的自然笔记素材。把自己的探索发现用笔画下来，记下时间、地点和场景，再配上一段自己的所感所思，相信这样的梦清自然游分享给朋友们会收获许多点赞。

◁ 水生态观察笔记
　（李柯摄）

◁ 栾树果（李柯摄）

梦清生态缸 DIY

◇

　　如果事先准备好一套水生态缸的 DIY 工具（捞网、小水缸，放大镜），在探访"梦清河"的净化旅途中，孩子们可以在蝴蝶泉和清涟湖的浅滩水域停留，收集几株水生植物和一些小螺、小虾，再添一些底泥和沙石，然后给小水缸灌满清水，一个与苏州河结缘的迷你版水生态缸就有了。这样的小生境不用加温、增氧、喂食，只要给它一些阳光就能维持生机和活力，把它带回家，也把探访母亲河的感想分享给朋友们。

自制水生态缸 ▷
（李柯摄）

水生态缸 ▷
（李柯摄）

野 趣 点 滴

____年___月___日___   天气_____   地点___

上海植物园

　　上海市区高楼鳞次栉比，要找一块堪比森林、可以自由呼吸绿意盎然的地方，真有那么难吗？到上海植物园看看吧！它已经有40多年历史了，是一座由各种花草树木组成的鲜活的植物博物馆。3500多个种类、近6000余品种的植物，配备了学名和科普介绍。一年四季，你若畅游其中，不知不觉就饱读了满腹植物经。四季不断的野花，树林间草地上叽叽喳喳的野鸟，花丛中翩翩飞舞的蜜蜂、蝴蝶，白天隐匿暗夜出没的小动物们，更增添了这里的野趣。

　　无论是在春夏秋冬的任何时节漫步其中，还是跟着科普老师参加各种有趣的自然教育活动，十足的野趣都会分分钟刷新你对植物园的观感。

野趣推荐

水杉大道

◇

在上海植物园中心区域，有一条水杉大道，位于展览温室、盆景园和兰室之间。这条路的行道树由水杉、池杉和落羽杉构成，杉科植物的季相之美在一年四季中展现得淋漓尽致。树下栽培着成片的中国水仙、白及、石蒜等草本植物，冬末水仙凌寒飘香，

春天白及惊艳亮相，初秋石蒜争奇斗艳，更有各色野花点缀其间。这里也是观鸟的好地方，道路两侧有成片的树林，林鸟出没，时鸣其间。道路的北端是连通黄浦江的张家塘河，退潮时分，各种水鸟泥滩觅食。道路的南端是两片花境，一年四季花开不断，招蜂引蝶，各种昆虫在其间穿梭忙碌，赏花观虫两相宜。

△ 水杉大道

野趣寻踪

春观百花秋赏叶

◇

　　上海分明的四季，让植物园的每个季节都有不同的风景，春天的百花盛开、夏天的绿意盎然、秋天的绚烂秋色、冬天的万木凋零，随意漫步其中，就能感受到不一样的野趣。

　　万紫千红总是春。从早春的梅花、白玉兰、郁金香，到仲春的樱花、桃花、牡丹，再到暮春的杜鹃、芍药、月季，春天的植物园，一波波的花事让人眼花缭乱，还有路边低调静默的小野花，一起构成春天的野趣。

◁ 月季

△ 鸡爪槭

　　霜叶红于二月花。深秋时节，枝头的树叶逐渐变得绚烂缤纷。金黄的银杏、红色的鸡爪槭、红褐色的水杉等，绚烂的色调带来最美秋色。除了秋叶，秋花如菊花、木芙蓉等，秋果如枸骨、山茱萸、冬青、石楠、南天竹等，与秋叶相映生辉，为秋色增彩。

　　夏天"芳菲歇去何须恨，夏木阴阴正可人"；冬天"寒风摧树木，严霜结庭兰"。不同的时节，植物有不同的季相，这就是大自然赐予我们的野趣。

我在哪里？

梅花、樱花、桃花、月季 **蔷薇园春季赏花**

白玉兰 **木兰园春季赏花**

牡丹、芍药 **牡丹园春季赏花**

杜鹃 **杜鹃园春季赏花**

鸡爪槭等槭树科观叶树种 **槭树园春季赏新叶，秋季赏红叶**

植物的生存策略

◇

在自然的环境下，生物不会被动地受制于环境。为了生存，植物们都有自己的一套生存策略。春天开花、秋天落叶就是植物适应环境变化的一种策略，而有一些植物特殊的生存策略更是充满了让人钦佩的智慧。

仙人掌、宝石花、光棍树等多肉植物，外形肉肉的，看起来十分可爱。这些植物原生地遍布世界各地，它们主要生长在沙漠、戈壁、高山、沿海、悬崖峭壁等阳光较充足又十分干旱的地区。因此，这类植物的叶片及枝干含有大量水分，十分耐旱。

在生物世界的食物链中，植物几乎总是处于最底层，然而猪笼草、瓶子草、捕虫堇、毛膏菜、捕蝇草等食虫植物却是例外。它们进化出了特殊的器官，去捕捉以昆虫为主的一些小动物，并

▽ 展览温室

且分泌消化液，消化并吸收动物蛋白质，以增加额外营养，供生长所需。

不只是动物会动，植物也会动。只不过其过程缓慢到我们用肉眼觉察不到而已。而动感植物是其中一个特殊的类群，它们的运动十分明显，肉眼直接可见。例如，含羞树、含羞草、跳舞草等植物的叶片稍经触碰或振动就会迅速合拢或自然转动。

热带雨林蕴育着丰富的生物资源，在此水热条件适宜的环境中，雨林植物对光照和生存空间的竞争异常强烈。它们有一些特殊的现象，如植株往往十分高大，常常有气生根、板根，叶子多呈现滴水叶尖形状，老茎生花、结果很常见，植物的寄生、附生也非常普遍。

我在哪里？

多肉植物、食虫植物、动感植物和雨林植物
展览温室（一），展览温室（二）

听音辨形觅飞鸟

◇

在植物园里看鸟？没错！植物园里众多的花草树木和生存于其中的昆虫等小动物，为野生鸟类带来了良好的栖身之所和丰富的食物，吸引了大量野鸟的入驻。上海植物园是上海市十大观鸟点之一。目前上海植物园内记录到的野生鸟类共有107种。鸟种以林鸟为主，园区的河道、池塘中也有水鸟出没。对于深藏林间的鸣禽，可以通过鸣声来辨别它们。

　　园内一年之中皆可观鸟，一般半天可目击 20—40 种野生鸟类。春季迁徙季节较易观察到鹟类、莺类等小型鸟雀，冬季鸫类、鸦类数量较多，夏季清晨较容易观察到黄鹂、寿带、杜鹃等鸟类。常见鸟种有灰喜鹊、乌鸫、珠颈斑鸠、白头鹎、麻雀、白鹡鸰、扇尾沙锥、白腰草鹬、矶鹬、棕背伯劳、八哥、棕头鸦雀、黑尾蜡嘴雀等。

　　△ 白头鹎　　　　　　　△ 普通翠鸟

我在哪里？

灰喜鹊、乌鸫、珠颈斑鸠、白头鹎、麻雀、棕背伯劳、八哥、棕头鸦雀、黑尾蜡嘴雀等　园内树林、灌丛、草坪等

白鹡鸰、扇尾沙锥、白腰草鹬等　园内池塘、河道等

对于生活在大都市中的人，探寻野趣最便捷的方式就是观鸟。观鸟，能让我们注意观察充满生机的大自然，欣赏动物精灵般的身影。

花间草丛寻昆虫

◇

在植物园里观察昆虫和植物时，你会发现，它们之间的关系十分有趣。昆虫经常选择植物作为食物和生长场所，而植物需要昆虫为它们传授花粉。

据统计，被子植物中有80%为虫媒植物。花为昆虫提供花蜜和花粉，昆虫帮助被子植物实现异花授粉，促进了虫媒植物的繁荣。鲜花怒放时，各种昆虫被吸引而来，如膜翅目的蜜蜂等蜂类、鳞翅目的蝴蝶和飞蛾、双翅目的蝇类等。特别是春天万紫千红时，蜜蜂嗡嗡、蝴蝶翩翩,在花丛中穿梭忙碌着。

在昆虫为虫媒植物授粉的同时，植物也给昆虫提供了多种生活环境，它的根、茎、枝、叶、花、果实及种

△ 蚂蚁牧场

△ 观察虫瘿

△ "神树"

子，都供养着不同种类的昆虫。昆虫为害植物时，往往会留下各种痕迹。如看到被啃得破破烂烂的叶片时，我们往往能在附近找到取食的昆虫，包括蝶、蛾的幼虫，以及金龟子、螽斯、蟋蟀等。看到树干上的蛀屑时，里面往往能找到天牛的幼虫。而知了的蝉蜕、刺蛾的茧，也留下了昆虫生活过的痕迹。

植物园中有一棵神奇的榆树，被称为"神树"，因为一到夜深人静时，树上便布满了各类小动物，例如威武的巨锯锹甲、中华大锹、独角仙，神气的云斑天牛、刺角天牛、星天牛，以及白星花金龟、天蛾、蝼蛄等。为什么小动物们这么热爱这棵树呢？仔细观察，原来它们中的大多数都在忙着"吃"这棵榆树伤口处的树木汁液，还吃得津津有味！在植物园"暗访夜精灵"的活动中，生机勃勃的"神树"可担当了主要角色呢。

我在哪里？

蜜蜂、蝴蝶等 各专类园，花坛花境，常年可观赏，以春天的开花季最适宜

锹甲、天牛、金龟 树干、草丛等，以夏天的夜晚最适宜

野趣酷玩

暗访夜精灵

本活动主要在上海植物园内举办，也有少量场次在居民社区举办。具体请关注上海植物园官网、微信和微博。

◇

　　夏日的夜晚，孩子和他们的家长打着手电，在植物园里开始了神奇的暗访夜精灵旅程。一路上，工作人员不仅是陪护向导，更是尽职尽责的讲解员。很快，孩子们就找到了夜空中飞翔的夜鹭和蝙蝠，结网的蜘蛛，草叶上的螳螂、螽斯，草丛里的小刺猬，聚居在石头下的西瓜虫，爬在树干上的鼻涕虫、天牛、独角仙、巨锯锹甲以及传说中的"金蝉脱壳"，池塘里的金线蛙、小龙虾、田螺，当然更少不了林间草地一明一灭忽隐忽现的萤火虫，一连串的惊喜让孩子和家长眼界大开。暗访夜精灵的高潮是灯光诱虫，利用了昆虫的趋光性将其引诱而来以便于观察。

▽ 金线蛙　　　　　　　　　　　　▽ 金蝉脱壳

野趣上海

自然课堂

◇

　　亲近自然、体验自然，培养尊重自然、热爱自然的真情实感，是身体力行环保的第一步。上海植物园开设了"自然课堂"系列科普活动，结合主题花展和四季时令开展自然教育活动。每个月都推出一至多个主题活动，引导市民走进大自然这个"课堂"，观花、观果、观叶、观虫、观鸟，观察周围的一切自然事物与自然现象。在活动中亲近自然、领略自然之美，重建与自然的联结，更加关爱地球环境。

本活动主要在上海植物园内举办。欲了解详情，请关注上海植物园官网、微信和微博。

◁　"自然课堂"系列科普活动

园艺沙龙

◇

　　为了让更多园艺爱好者感受园艺的魅力，上海植物园推出"园艺沙龙"系列科普活动，每月围绕当季园艺主题开展活动，基本每月开展一至两次活动，花展期间每周都有活动。活动内容包含园艺劳作、趣味讲座、自然导赏、快乐采摘等。通过活动为广大市民全年度的园艺活动提供专业帮助，同时还为喜爱园艺的市民提供体验场地和植物材料，由专家进行技术指导，满足广大市民的园艺热情，在园艺栽培中把野趣带回家。

本活动在上海植物园内举办。欲了解详情，请关注上海植物园官网、微信和微博。

自然笔记

"自然笔记"系列活动分成春、夏、秋、冬四个篇章，设置主题分别为"春之花"、"夏之虫"、"秋之韵"、"冬之形"。根据不同的季节，设计针对当季的主题活动，如"夏夜生物大揭秘"结合上海植物园"暗访夜精灵"夜间自然观察活动，记录萤火虫等昆虫的行为以及它们的生境；"秋季果叶添色彩"结合秋季果实成熟、叶片变色凋落，记录秋天的季相变化；"寒冬里的快乐鸟"观察野生鸟类及它们的生活习性，并记录下来。

欲了解本活动详情，请关注上海植物园官网、微信和微博。

◁ 观察记录自然

定向观鸟

◇

鸟类是环境的指示物种，是生态系统的重要组成部分。观鸟是推动市民走进大自然、认识鸟类、认识生态保护重要性的一种有效手段。上海植物园与上海野鸟会等合作开展观鸟活动。在观鸟点放置单双筒望远镜、观鸟科普宣传资料、展示板，并视游客情况适当组织参与式小游戏，由志愿者向游客讲解和指导观鸟方法、宣传鸟类与自然环境保护等知识。有时也由志愿者带领在园内移动观鸟，以观察不同生境中的野生鸟类。

本活动在上海植物园内举办。欲了解详情，请关注上海植物园官网、微信和微博。

观鸟 ▷

野趣视点

不使用和食用野生植物

◇

不食用野生的发菜、雪莲、天麻、石斛等，不用野生兰花、苏铁妆点生活，更不要为了满足虚荣心，追求由海南黄花梨、崖柏、红豆杉等制成的工艺品。只有保护野生植物，才能有效地保护环境，给子孙后代留下发展的空间和资源。

不随意带入国外或者外地的植物

◇

　　生物入侵，往往是从随意引种开始，不管是有意还是无意地引种。如果引入的物种长势强健又没有天敌，就可能抢占当地物种的生存空间，变成入侵物种。上海植物园内常见的入侵植物有空心莲子草、一支黄花等，流经园区的河道内有时有水葫芦等水生入侵植物。

减少使用纸制品和一次性筷子

◇

　　打印纸、便笺纸、纸巾……生活中随处都用到各种纸制品，而造纸的原材料主要是树皮等植物的纤维。生产一次性筷子，也要砍伐数量庞大的树木。为了保护环境、节约木材，应推广无纸化办公，外出自备筷子、手帕。

▽ 保护植物就是保护环境（蓝风摄）

野趣点滴

____年____月____日____ 天气_____ 地点____

上海动物园

　　说起西郊公园，那可是上海人儿时最美好的回忆！历经60多年的风风雨雨，上海动物园从最初的文化休息公园，发展到位列全国十佳的动物园之一，现在，它已是孩子们开始动物认知启蒙最受欢迎的地方。

　　如今的上海动物园跟从前大不一样，它已完成了90%的动物展区生态化改造，饲养展出世界各地代表性动物近400种6000余头（只），其中有大熊猫、金丝猴、华南虎、扬子鳄等我国特有珍稀动物，还有来自世界各地的代表性动物，如大猩猩、非洲狮、长颈鹿、企鹅等，动物展区尽量还原野生环境，人们行走其间如置身自然。

　　大片的草坪与高大乔木交错，碧波粼粼的天鹅湖，吸引了大量的野生鸟类栖息，绿荫浓郁，莺啼鹭飞，景色优美宜人，使游客尽赏野趣之美。

野趣推荐

◇

大猩猩是体型最大的灵长类动物，也是世界珍稀野生动物，被列入《华盛顿公约》附录一名单和世界自然保护联盟红色名录之中。上海动物园现有6只大猩猩，是国内动物园中最大的种群。4只成年个体都来自荷兰鹿特丹动物园，大猩猩"海贝"和"海弟"分别于2008年和2012年出生。在气势恢宏、具有非洲风格的大猩猩馆里，布置了各种符合大猩猩野外习性的仿真设施和玩具，如藤索、山洞、树干等，还有关于它们的趣味知识介绍，是了解、认识大猩猩的好地方。

△ 大猩猩

野趣寻踪

忽高忽低的体温

◇

我在哪里?

各种各样的龟、蜥蜴、蛙、蛇
两栖爬行动物馆
热带海洋鱼类
两栖爬行动物馆水族厅

　　地球上有这么一类动物,它们的体温随着环境温度的改变而改变,有人把它们叫作冷血动物,其实以变温动物来称呼更为合适。除鸟类和哺乳类外,其他动物都是变温动物,包括昆虫、鱼、蛙、蛇、蜥蜴等。变温动物并不是喜欢寒冷,只是因为它们体内所产生的热量比较少,且自身没有调节体温机制,仅依自然界温度的变化而变化,因此体温忽高忽低。在自然界中,它们或是移向日光下取暖,或是游向温暖水域来提高体温,或是钻进地下、洞穴中进行冬眠。最引人注目的动物,当然是两亿两千万年前的孑遗动物——扬子鳄,最大的蛇——蟒,最大的龟——象龟,最大的两栖动物——大鲵,它们都是难得一见的珍稀保护动物。

　　当秋季到来,气温逐渐降低,上海动物园的饲养人员就会打开展区的暖气,为两栖爬行动物供暖,它们还可以在全光谱加

▽ 蟒蛇

▽ 象龟

△ 折衷鹦鹉　　△ 黑天鹅（上）和黄鹂（下）　　△ 棕犀鸟

热灯下晒晒"太阳浴"；夏季则打开冷空调，通过调节温度与湿度，为动物们创造一个尽量舒适的生活环境。

形形色色的喙

◇

鸟喙是鸟类特有的。喙的形态多种多样，它们独特的形态结构与不同食性之间存在密切的联系。鸟类的喙有滤水或滤除他物的滤食型，也有洞穴（泥中）探入（探食）型，还有啄食昆虫、啄食种子、剥松果、食水果、啄树皮、捕鱼、撕裂腐肉等多种不同功能。

蜡嘴雀的喙粗短成圆锥形，方便咬碎谷物；黄鹂的喙尖而细长，方便从窄缝中把昆虫抽出；丹顶鹤的喙细长，方便捕食浅水中的小鱼小虾；鹦鹉有一个坚硬并带钩状的喙，以及一对强有力的爪子，所以它们可以撕开热带的果实，还能打开坚果壳；黑耳鸢的喙尖锐而钩曲，适合撕碎捕猎物；雁、鸭的喙扁平，有滤水的结构；普通秋沙鸭的喙边缘是锯齿状的，就像牙齿一样，可以捉住光滑的鱼；而鹈鹕的喙长 30 多厘米，具有一个可以自由伸缩的大皮囊，是它们捕鱼和存储食物的工具。

尽管一些鸟类的喙形态巨大，比如犀鸟、巨嘴鸟，但与哺乳动物的牙床相比而言，通常还是比较轻的。这是鸟类进化的结果，以减轻体重，使飞行更加轻便。

上海动物园展出了 200 多种珍稀鸟类，更因自然生态环境优美，吸引了很多野生鸟类在这里安家。不同的鸟有着不同的显著特征，形形色色的喙、动听的歌声、鲜艳的颜色、优美的飞行姿势，都将激发人们去了解鸟类的世界。

我在哪里？

游禽、涉禽、鸣禽、猛禽、攀禽、走禽 鸟类展区

比一比谁成熟

◇

"竹外桃花三两枝，春江水暖鸭先知"，这是一句耳熟能详的描写春景的诗句，出自苏轼《惠崇春江晚景》。那么为什么是"鸭"先知而不是"雀"先知呢？

要知道，大多数鸟类在春天孵化育雏，雏鸟可分为晚成雏和早成雏两种。晚成雏在出壳时尚未完全发育，还需要留在巢中，由亲鸟继续温暖和喂养一段时间之后才能离巢独立生活。晚成雏多属于将巢建在树上、洞穴里或草丛中的鸟类。所有的雀形目鸟类和攀禽、猛禽等的雏鸟都是晚成雏。早成雏在孵化出壳后已经充分发育，待绒羽干燥后就能跟随亲鸟行动和啄食。早成雏大多数属于地栖鸟或游禽。鸡、鹤、雁、鸭等的雏鸟均属早成雏，因此我们在春天常常能见到桃花才开了三两枝，鸭妈妈已带着鸭宝

宝在刚解冻的水面上戏水玩耍了，而那些麻雀、斑鸠的雏鸟还在巢中嗷嗷待哺呢。

为了能更清楚地观察鸟类，最好带上一架望远镜，再带上一本鸟类图鉴，相信你一定会有更大的收获。

△ 斑头雁

我在哪里？

小天鹅 天鹅湖冬季
夜鹭、小白鹭、小鸭、
小雁 天鹅湖春季

虎走猫步

◇

猫科动物是一类几乎以肉食为主的哺乳动物，是高超的猎手。为了完成捕猎这项神圣而费力的任务，猫科动物们都练就了"走猫步"的技巧。猫、虎行走时，对角线的两脚会一起呈直线移动，两点之间直线最短，因此在捕猎时走直线可以用最短的距离捕捉猎物，并且这样也很适合在很细的树枝或者墙头上走。它

我在哪里?

白虎、非洲狮和华南虎
分列三座狮虎山

其他食肉动物 食肉动物区

大熊猫 大熊猫馆

◁ 华南虎及其虎宝宝

们的步伐用到人类身上，就是 T 型台上模特们的经典"猫步"。

猫爪是防御和狩猎时强有力的武器。猫科动物的前爪有 5 个脚趾，后爪则有 4 个。为了确保这些利爪在行进当中保持锋利且不被折断，并能让它们的步伐悄无声息，它们的利爪在大部分时间里都收于脚掌之下，因此走猫步留下的脚印是梅花状的。不过猫科动物中也有例外，猎豹就不能完全收回利爪，它的爪子类似犬科动物的爪子，较钝且弯度比较小，始终暴露在外面。

拥有最大爪子的猫科动物是虎。虎一共有 8 个亚种，分别是东北虎、华南虎、孟加拉虎、印支虎、苏门答腊虎、巴厘虎、里海虎和爪哇虎，后 3 个亚种已经灭绝。现存的虎亚种中，华南虎是中国特有的虎，也是所有虎种类中最为濒危的一种，野外几乎没有华南虎的踪迹，都圈养在国内 10 多家动物园里。上海动物园拥有国内最大的华南虎种群。

角上也有大学问

◇

羊和鹿的头上都有角，按照是否周期性脱落和是否会分叉分为实角和洞角两种。

各种鹿的角都是实角。实角是分叉的骨质角，没有角鞘，会周期性脱落和重新生长。除了驯鹿等少数鹿雌雄都有角外，大部分鹿只有雄鹿才长角。秋天是鹿类活跃的季节，公鹿开始没完没了地为了争夺配偶而"角"斗，一直斗到一方认输逃开为止。

洞角是牛羊类动物所特有的，由内部的骨心和外部的角质鞘组成，不分叉，成对长在额骨上。随着年龄增长，洞角不断加粗变长，一生不脱落。羊亚科雌雄都有角，牛亚科、羚羊亚科只有雄性有角。

此外，叉角羚的角是介于洞角与实角之间的一种类型，骨心不分叉而角鞘有小叉，分叉的角鞘上还长有毛，这种毛状角鞘会在每年繁殖季节后脱换，而骨心不脱落。长颈鹿也有角，角表面的皮肤与身体其他部分的皮肤几乎没有差别。它们的那对短角其实就是骨质突出。犀牛特有的是表皮角，这种角完全由表皮的毛状角质纤维所构成，跟人类的指甲成分相似，没有实在的骨质成分。

我在哪里？

长颈鹿、亚洲象、斑马、梅花鹿 食草动物区

◁ 鹿的"角"斗

尾巴趣谈

◇

上海动物园饲养的灵长动物的种类是国内最多的，有40多种。从世界上体型最大、重达200千克、来自非洲的大猩猩，到体重只有100余克来自南美洲热带雨林的倭狨，都能在这里与你面对面。

在灵长类中，猴和猿的区分依据主要就是有、无尾巴。无尾巴的长臂猿、猩猩、大猩猩、黑猩猩被称为"四大类人猿"，与人类关系最为亲近，其中黑猩猩的基因与人的基因差异仅约2%。在有尾巴的猴中，栖息于树上的猴在跳跃时需要借助尾巴来保持平衡，所以它们的尾巴通常很长，有时甚至于超过体长，如松鼠猴、金丝猴。而山魈、狒狒、猕猴等多在地面活动，尾巴相对较短。黑蜘蛛猴的尾巴最厉害，不仅长，而且尾巴尖端感觉灵敏，可以像手一样抓握树枝，甚至能用尾巴捡起地上的食物。

我在哪里？

长臂猿、猩猩、大猩猩、黑猩猩 灵长动物区

◁ 松鼠猴

野趣酷玩

自然课堂

◇

面向7—12岁儿童的亲子家庭，上海动物园利用园内展出的野生动植物资源，以及专业而具有神秘感的饲养后场，每月按不同的主题开展一次自然课堂活动，课程内容包括知识讲座、自然探索、自然笔记、互动活动、手工和游戏等。现已开设的主题有蝶彩寻趣、鸟类丰容、羊年识羊、踏青观鸟等。

欲参加活动请关注上海动物园微博、微信招募公告。

户外观鸟

△ 自然课堂

◇

观鸟这项亲近自然，放松身心的户外活动日趋流行。上海动物园是市内鸟类品种最集中、最丰富的地方，是初级观鸟爱好者进行观鸟技巧普及与练习的好地方。园内除了展出200多国内外珍稀鸟类之外，还自由自在地生活着50余种本土的留鸟和候鸟，不用望远镜、肉眼可见的野鸟也有20余种。想要成为观鸟达人，就从上海动物园开始吧！

带上一架望远镜和一本鸟类图鉴，能更清楚、有效地观察鸟类。可自行在园中观鸟，也可参加上海野鸟会及上海动物园组织的观鸟活动，详见官方网站公告。

△ 上海动物园观鸟

听饲养员讲解

当你在动物园游览时，想与最了解动物的人——饲养员进行交流吗？现在，在固定的时段，企鹅、小熊猫、金丝猴等动物的饲养员们将走到台前，向游客进行科普讲解。参观者不仅可以听到饲养员讲述生动的动物故事，还可亲眼看到动物采食各种各样的食物，学到相关动物知识、了解动物的生存状况。

△ 饲养员在喂企鹅 　　　△ 小熊猫

此项目在全园的十多个重点动物展区开展，具体时间请参看展区附近的告示牌。

活动于每年7月举办，请关注上海动物园微博、微信招募公告。

夜间的豹 ▷

动物园奇妙夜

◇

夜晚的动物园什么样？聚集而栖的黑颈天鹅、精神抖擞的豹、睡眼蒙眬的熊猫，还有那行踪飘忽的貉……在动物们较为活跃的傍晚及晚上，可以跟随动物园资深科普老师体验一系列的深度探索活动，揭秘夜行动物的生存之道，感受神秘而又刺激的动物奇妙夜，还有机会与温顺的小动物亲密接触。

野趣视点
要了解习性，才能看到精彩

◇

野生动物大多喜欢晨、昏活动，而且上海动物园为动物们安排的开饭时间是 9:30—10:00 和 16:00—16:30，因此想要观察动物行为最好在开饭时间来，这时候既能看到动物们活跃的身影，

△ 棉冠猕   △ 大熊猫

也能看到它们进食的场景。吃饱以后，动物们又会显得懒洋洋的。如果你上午 10 点多钟才到，下午 3 点多钟又离开，自然是要遗憾一番的了。

在一年里，春秋两季是动物园中最热闹的季节，求偶、繁殖、育幼大多发生在这两个季节。春天，鸟儿们尽情展示才艺，这边歌声不断，那边舞姿翩翩，美丽的"孔雀开屏"也只有在春天才能看到。秋季是食草动物的繁殖高峰期。雄鹿们互相顶角决斗，袋鼠们展开"拳击"比赛。有趣的是，"运动员"袋鼠妈妈的"口袋"中还不时地探出些小脑袋来看热闹……所以，对动物的习性了解得越多，参观时也就越能够"有的放矢"。

△ 马来熊　　　　　　　　△ 河马

不要投喂动物，带上爱心就好

◇

　　有些游客喜欢拿东西给动物吃，其实这是不必要的，因为动物园会给动物喂定量的食物，如果它们吃得太多，就会消化不良，或得肥胖症。特别是不要恶作剧拿一些不能消化的东西（比如塑料袋）给动物吃，这可能会害得它们肚子痛无法进食，如果还得开刀，那就更糟糕了。敲打玻璃、用树枝戏弄动物或用石块投掷动物等不文明行为也是万万要不得的。

　　真心爱护野生动物，就应该安静地观赏动物的奇妙之处，任何为了人类的利益而影响到自然生态的举动都是不可取的。不吃野生动物，不穿戴野生动物的毛皮制品，不把野生动物当作宠物饲养……才是一名爱动物人士的明智之举。

野 趣 点 滴

____年____月____日____　天气_____　　地点___

上海后滩湿地公园

[李柯摄]

［李柯摄］

　　如果不是因为世博会，可能大家都不会知道"后滩"这个
名字，但也正因为有了它，世博园才有了一片充满自然生趣的"后
花园"。

　　后滩公园是 2010 年上海世博园的核心绿地景观之一，位于
黄浦江东岸与浦明路之间，西至倪家浜，北望卢浦大桥，占地不
大，为 18 公顷，整体呈现狭长型。后滩公园的原址曾经是浦东
钢铁集团和后滩船舶修理厂所在地，2007 年初开始进行改造，
于 2009 年 10 月建成。公园秉承上海世博会的生态理念，通过营
造内河谷地的地形，呈现蜿蜒曲折的湿地系统。这座新建的公园
虽然娇小，却处处透露着生机，是浦东黄浦江岸线上不可多得的
野趣寻觅佳处。

野趣推荐

◇

　　在后滩公园，最有特色也最值得好好探寻野趣的地方就是公园内狭长分布的池塘水体。这片水体长达 1700 米，从鹅卵石基地到水草床乃至芦苇地一路贯通，其中还有多处合适而安全的亲水平台，行走其间，可以近距离体验湿地的魅力、探访湿地的生命并领悟湿地的意义。

△ 亲近湿地（李柯摄）

野趣寻踪

别具一格的公园营造

◇

　　从地图上看，后滩公园呈现一副狭长的姿态，就是在这个看似有限的空间中，充满着丰富而新颖的景观设置。公园里通过营造内河谷地的地形，然后与两岸的香樟、乌桕、枫杨等乡土乔木相结合，创造了一个相对幽静的溪谷景观和丰富的空间层次。设计者根据保留的绿化及湿地，充分利用原有船厂的工业遗存，建造出拥有着健康的湿地净化系统的人工内河湿地系统。绵延1700米的小河，宽窄不一蜿蜒曲折，空间开合多变，一会呈现清澈的鹅卵石基地，一会呈现绿意盎然的水草床，一会是芦苇蜿蜒的变化多姿，一会是以睡莲点缀的静谧深邃，动静皆宜。

△ 江滨湿地（李柯摄）

　　依江而建的后滩公园最为特殊的一点，就是完全保留了场地内的原有一块江滩湿地，黄浦江自然的潮汐在这里清晰可见。建设者改造了原有的水泥硬化防洪堤，使这里回归生态型的江滨潮间带湿地。泥滩岸边自然生长着茂盛的旱柳、芦竹和芦苇，甚至有往往海边才能看到的蔗草。还有由鸟儿带来种子的构树、女贞，各种植物不受人为干扰地生长着，充满着自然野趣。

　　这些黄浦江原始自然的江岸景观，吸引着众多市民来岸边缓步徜徉。身处自然之中，目睹船舶熙攘，远眺城市风光，不禁会感慨黄浦江两岸的历史兴衰与变迁。

△ 芦竹（李柯摄）

生机盎然的生态系统

◇

正是因为后滩公园身处闹中取静的世博园区，大多数时候这里都是人流量不大的独处佳处。也正因为人为干扰有限，这里的生命世界别样精彩、生机盎然。

先说说各式各样的植物，后滩公园在营造时就十分注意乡土植被的种植、设置和维护，这让我们今天可以在这里找到更多的自然栖息地。春夏时分，郁郁葱葱的水杉、池杉下，寻找野趣的人们可以轻而易举地找寻到二月兰、一年蓬、荠菜、刺果毛茛、猪殃殃、大巢菜、蛇莓、婆婆纳、通泉草、附地菜等各种美丽精

△ 白条鱼（何鑫摄）　　　　△ 子陵吻鰕虎鱼（何鑫摄）

致的小野花、野草。而到了秋冬天，落叶的银杏为公园的河岸洒下一片金黄，枯黄的芦苇和荻在风中摇曳，更是美不胜收。

再说说千姿百态的动物，后滩公园最大的特色在于那条独特营造的生态小河，公园的"动物世界"就是围绕着这条小河展开的。在蜿蜒的河道中，我们可以很容易地找到各种小鱼，尤其是成群活动的白条鱼和食蚊鱼，整个小河都是它们穿梭的空间，

我在哪里？

各种植物　河岸边的坡岸上
各种本地鱼类和两栖类动物　公园
内的生态小河

△ 食蚊鱼（何鑫摄）

时不时出现的鲫鱼、乌鳢则为水中的鱼类世界增添新意。有时候，我们还可以透过清澈的河水发现生活在河底的沙塘鳢、虾虎鱼、泥鳅等底栖鱼类。此外，自然缓坡式河岸为中华大蟾蜍、黑斑蛙、泽蛙提供了良好的生存条件，每到春天，河水中总是有成群的活泼可爱的小蝌蚪。

除了鱼类和两栖类，后滩公园的水体中其他小生命更是数不胜数。在这里，颜色或红或绿或黑或透明的黑壳虾是鱼的好邻居。当尖口圆扁螺、中国圆田螺、净水椎实螺在水下的石阶上慢慢踱步之时，水面上来回快速奔波的水黾与它们相映成趣，再加上夏日到来时以褐斑异痣蟌、琉球橘黄蟌、黄蜻、红蜻、锥腹蜻、

△尖口圆扁螺（左）、中国圆田螺（中）、黑壳虾（右）（何鑫摄）

△ 金翅雀（李柯摄）　　△ 小䴙䴘（李柯摄）

狭腹灰蜻、玉带蜻为代表的各种蜻蜓和豆娘活跃其间，使这里成为小生命们最好的家园。

　　这里也是鸟儿们喜爱的自然家园。水体的周围，白头鹎在香樟树上鸣叫，乌鸫、珠颈斑鸠和白鹡鸰在草地间漫步，小䴙䴘和黑水鸡在河中嬉戏。棕头鸦雀穿梭在挺水植物之间，旱柳林则是大山雀、黄腰柳莺等的隐蔽的乐园，而在树顶，则不时有胆大的棕背伯劳在"嘎嘎嘎"叫个不停。有时候，茂密的构树林内会隐藏着数十只夜鹭、白鹭等鹭鸟，当它们突然一并而出越江而飞的时候，景象蔚为壮观。运气好的时候，我们还能看到精致的普通翠鸟在河边的大石头上耐心地等候和观察，时刻准备出击入水寻觅自己的美餐。如果你喜欢观鸟，后滩公园绝对是进行普及观察的最好的去处之一。

我在哪里？

各种鸟类　黄浦江边的自然湿地岸边平台，生态小河周围

△ 于观景平台远眺浦江（李柯摄）

野趣酷玩

观赏浦江景致

◇

在江滩湿地观景平台可以同时观赏黄浦江原有的自然湿地景观和现代化的城市风光，感受上海的城市变迁。

认识植物

◇

△ 观察水生世界 （李柯摄）

在整个公园可以展开各种栽种植物和野生植物的观察识别活动，特别是水体周遭，尤其可以观察野生草本（二月兰、一年蓬、荠菜、刺果毛茛、猪殃殃、大巢菜、蛇莓、婆婆纳、通泉草、附地菜）、乡土树种（香樟、乌桕、构树、枫杨、旱柳等），以及湿地植物（芦苇、芦竹、荻、蕲草等）。

观察水生世界

◇

在公园的水体区域可以展开各种水生动物的观察识别活动，尤其是观察鱼类（白条鱼、食蚊鱼、乌鳢等）、两栖动物类（中华大蟾蜍、黑斑蛙、泽蛙等）、甲壳动物类（黑壳虾、中华小长臂虾等）、昆虫（褐斑异痣蟌、琉球橘黄蟌、黄蜻、红蜻、锥腹蜻、狭腹灰蜻、玉带蜻等各种蜻蜓和豆娘），以及软体动物类（中华圆田螺、尖口圆扁螺、净水椎实螺等）等。

鸟类普及观察

◇

在整个公园可以展开各种鸟类的观赏识别活动，常见鸟类有：白头鹎、乌鸫、珠颈斑鸠、树麻雀、大山雀、白鹡鸰、小鹏鹏、黑水鸡、夜鹭、白鹭、棕背伯劳、普通翠鸟等。

野趣视点
后滩的前世今生

　　说到后滩公园，就不能不说它的历史。这座因世博会而兴的新型公园，曾经只是黄浦江岸边的工厂码头，就像世博园区的其他场地一样，处处透露着工业文明的气息。不过，经过设计者巧妙地设计和改造，今天的后滩公园完全成为闹市中一处充满自然生机的美妙之地，即使在世博会结束后，它依旧不断吸引着市民们慕名前来，留下惬意的休闲步伐。

◁ 浦江风光 （李柯摄）

野 趣 点 滴

___年___月___日___ 天气_____ 地点___

世纪公园蔬菜花园

[谢文婉摄]

　　世纪公园是上海市中心区域内最大的城市生态公园，以大面积的草坪、森林、湖泊为主体，形成了既具现代感又有自然野趣的新型休闲娱乐公园，享有"假日之园"美称。鸟岛及芦苇荡是其中生态野趣保留相当完好的自然生境，不过，你知道世纪公园里还有片菜地吗？它可是颇受市民关注喜爱的新鲜景点。

　　世纪公园蔬菜花园位于上海世纪公园蒙特利尔园内，是上海第一个在城市公园里推进的可食地景项目。它并不是简单地种菜，而是用设计生态园林的方式去设计农园，让农园也变得富有美感和生态价值。也许你不喜欢城市里呆板的绿草坪，也认为一排排田垄与城市景观不协调，那么，将两者结合的蔬菜花园也许正合你的心意，而这种形式正是将来都市社区菜园的发展方向。

野趣推荐

◇

　　蔬菜花园中有一独特造型的螺旋花园，是 2016 年 4 月开展的朴门工作坊留下的得意之作，也是蔬菜花园的镇园之宝。大家可以在廊架的端头那棵红色鸡爪槭树边找到它。它看去像螺旋状的海螺造型，上面种满了各类香草和蔬菜：喜阳的和耐阴的、喜湿的和耐旱的植物可以同时在这个螺旋花园中生长。

△ 螺旋花园

野趣寻踪

蔬菜都长啥样?

◇

　　闲逛到蒙特利尔园，最抓人眼球的是其中一座竹篱围绕的园中园，仿佛穿越时空遇见了陶渊明的"采菊东篱下，悠然见南山"，最能唤起人心底对自然的渴望。开满小花的豆类爬满了竹篱，若隐若现的高个玉米探出了脑袋。推开园门，一个拱形竹廊架出现在眼前，上面挂满了高高低低、大大小小的冬瓜、南瓜和丝瓜。穿过这一竹廊，眼前豁然开朗，一个蔬菜打造的缤纷花园出现在面前。有平时常见的番茄、黄瓜、生菜等，也有大家不很熟悉的罗勒、紫苏、巨型南瓜、黑番茄等。它们之中，有的要跨

▽ 拱形竹廊架

越春夏秋三季才能硕果累累（如番茄、茄子、辣椒），有的仅需一个月就可收获（如生菜、鸡毛菜），还有的全年都可生长、随时可采摘（如几种香草）。

春天是菜宝宝最可爱的时候，嫩绿嫩绿的叶子慢慢舒展开，带着最生机勃勃的劲头努力生长着，各色花朵穿插其中，迎着太阳绽放自己的美丽。夏秋是收获的季节，当果实挂满枝头，菜叶青翠欲滴，园方便会定期开展蔬菜采摘活动，大家共同分享收获的喜悦。

我在哪里？

蔬菜花园
公园的蒙特利尔园门口西侧
拱形竹廊架
人行次入口进入即可

让植物发挥自己的力量

◇

蔬菜花园是以朴门永续农业理论为指导思想打造的，这是源自澳大利亚的一种生态设计方法，发掘大自然的运作模式，建立可持续的系统，自行供应所需，并不断循环利用自身的废弃物。

园中有个用竹子围绕的螺旋花园，是朴门菜园的代表形式。自上旋转而下，从耐旱植物到喜湿植物依次种植；向阳面种植喜阳植物，背阳面种植喜阴植物。大家可以在自家后院模仿搭建，种些厨房常用的香料植物，如随手可摘的小葱、韭菜、芫荽，新鲜方便。

螺旋花园特色蔬菜 ▷

我在哪里？

螺旋花园
蔬菜花园中心地带

△ 图中绿色大叶植物为聚合草（谢文婉摄）

生态种植、生态维护是最基本的要求，不用农药，生态防虫，利用植物共生及化感作用的原理来防病虫害：菊科植物释放的化感物质可以抑制杂草生长；万寿菊强烈的香味，可以预防棉铃虫等害虫寄生，促进番茄和扁豆的生长。番茄跟罗勒，茄子、辣椒跟金莲花，都是互利共生的好搭档。土壤增肥不施化肥，而用大片的聚合草、苕子、豆科植物等来做绿肥。将这些长成后的绿肥作物翻压入土可增加土壤肥力，几年过后土质就会越来越好，健康地循环下去。

关注昆虫和鸟儿

◇

蔬菜花园中特意加入部分拥有特殊色彩、丰富花粉、迷人气味、特殊分泌物或奇异果实的品种，如法国薰衣草、罗勒、芳香万寿菊等，来吸引彩蝶蜜蜂为主的小型昆虫和雀鸟。这为身处其中的我们带来了跳跃的生命与无限的惊喜。

△ 满是鲜花的蔬菜花园

我在哪里?

昆虫和鸟类
蔬菜花园各处

△ 老豹蝴蝶(杨静摄)　　△ 蛞蝓(谢文婉摄)

　　清晨,会有鸟儿来啄食蓝莓、树莓的果实。雨季,一场大雨过后,一种极为少见的"无壳蜗牛"会爬满竹篱。它是蜗牛的"亲戚"蛞蝓,身体完全舒展时有四五厘米长,呈灰褐色,有两只触角,浑身布满黏液。它主要寄生在草莓、甘蓝、花椰菜、白菜、豆类等农作物及杂草上,是一种食性复杂、食量较大的有害动物。这种在南方地区常见的害虫,是古代中国画的题材之一;在日本动漫《火影忍者》中,蛞蝓是与第五代火影纲手缔结契约的通灵兽。

生态水境观动物

◇

蔬菜花园周边，还有好去处，例如世纪公园镜天湖中央的鸟岛。顾名思义，鸟岛是鸟的天堂，岛上种植了50余种观花观叶的乔灌木，供本地和过往的几十种鸟类栖息，在这能见到稀有的白鹭、灰鹭，岛上还专门驯养了100余只灰喜鹊。每当清晨和傍晚，百鸟争鸣，嬉戏树端，一派盎然野趣。想观察野生鸟类的朋友可以在湖对面的观鸟台观察鸟儿们的日常生活，但一定记得自带望远镜哦。

世纪公园东边的大草坪边上有一片自然留存的池塘，周边被原生的芦苇荡包围，不受外力干扰，一年一年，自我繁衍，自我更新，形成了公园中一片自在天地。鸟儿在这里安家，鱼儿在这嬉水，还有很多种类的昆虫、青蛙……与鸟岛不同，这是一片可以触摸的生态保护区，安静、悠然。大家去观察的时候一定要注意安全，且尽量不要打扰到里面的动物们，毕竟在城市中能找到这样的安居之处太不容易啦。

▽ 镜天湖中央的鸟岛（杨静摄）　　▽ 芦苇荡（张习摄）

野趣酷玩
传统节日传统过

◇

　　针对不同的节日主题，蔬菜花园中会不定期举办各种科普教育活动。传统文化里，各个节气时令都会有相应的活动，采食应季的蔬果。例如，三月三，吃乌米饭，大家知道乌米饭是怎么做出来的吗？是用乌桕的叶子煮出来的，清香好吃还有益健康，想知道怎么做就到现场参加活动吧。端午节有佩戴艾叶香囊的习俗，园子里也有种呢，在角落里散发着幽幽的香气，大家可以来比比谁能最先认出找到。还有重阳节佩戴的茱萸果，第一年种下茱萸树，来年可能就会结出果实了。

活动详情请关注世纪公园官方微信，微信号：shsjgy。

△ 端午节艾草（谢文婉摄）

一边认菜一边采

◇

　　爸爸妈妈带着小朋友来认识蔬菜，带队的姐姐会给大家讲蔬菜的来历和有趣的小故事，给大家讲讲怎么区分不同的植物，对观察力、表达能力有很大启发作用，小朋友也可以自己观察、触摸。必不可少的采摘环节永远是大人孩子的最爱，绿油油的叶子菜、红红的番茄、大大的南瓜、紫红色脸庞的茄子……采一篮子新鲜蔬菜，晚上回家品尝一天的劳动成果，该是多么幸福。

采摘蔬菜 ▷

活动详情请于世纪公园官网平台查询。

蔬菜写生更静心

◇

　　写生不仅可以去"小桥流水人家"，世纪公园蔬菜花园也是写生的绝佳之地。薰衣草上的一只蝴蝶，甜菜花上的一只蜜蜂，都是大自然最艺术的画卷。微风徐徐，不时有鸟鸣在耳畔响起，三五小伙伴静静地坐在蔬菜花园中，手握铅笔，在纸上轻轻描画，感觉整个人都平静柔和了。

△ 蔬菜写生

活动详情请关注世纪公园官方微信，微信号：shsjgy.

△ 蜂趴在花上帮助授粉

野趣视点

怎样吸引昆虫筑巢为蔬菜传粉？

◇

可利用芦苇秆、麦秸秆等建造昆虫箱，帮助开花植物授粉。捕食性昆虫可保护花园不受害虫侵害。昆虫箱既作为虫类避难所，也提供近距离观察昆虫世界的机会。

烂菜叶有什么用处？

◇

不能食用的烂菜叶跟果皮等可以拿来做蚯蚓塔堆肥，烂菜叶可作为蚯蚓的食物，蚯蚓产生的粪便又能当作上好的肥料返还给土地。

◁ 烂菜叶用作厚土栽培

野趣点滴

_____年___月___日___　　天气_____　　地点___

上海辰山植物园

[包锦雄摄]

[包锦雄摄]

　　说到上海，相信大家首先想到的一定是高楼林立、车水马龙的"魔都"形象吧？其实不然，整个上海拥有对公众开放的绿地、公园、植物园、保护区等多达165家。这些城市的"绿肺"成了城市居民们感知自然、体验生态、娱乐休闲的重要场地，也成了广大青少年暂时逃离"水泥森林"并学习自然知识的理想场所。

　　上海辰山植物园，不仅有多达10 000种/品种来自世界各地的植物，更有在大上海难得一见的山体、深潭、飞瀑、山洞等特色景观，总面积12 608平方米的辰山温室群，让人足不出"沪"便能领略不同气候带上的植物。辰山植物园自2010年对社会开放以来，经过多年的营造，已经逐步形成了风格各异、季相分明、步移景异的优美景观，为广大市民提供了一个鲜花盛开、水鸟飞翔、乐趣无穷、令人向往的游览胜地。

野趣推荐

世界上最濒危的植物

◇

　　对珍稀濒危植物的保育工作是辰山植物园的重要任务之一。矿坑花园入口处的"珍稀濒危植物走廊"向游客展示了15种极具观赏价值的珍稀濒危植物，其中就有被《中国物种红色名录》列为极危（CR）的普陀鹅耳枥。该树种因大规模的砍伐和生境的破坏，加上自然中授粉困难，种子出苗率低等原因，世界上野外仅存1株，被列为全世界最濒危的植物之一。上海辰山植物园通过多年实验，成功育苗300余株，并已栽植到植物园内。

△ 普陀鹅耳枥（寿海洋摄）

野趣寻踪

古老的绿萼

◇

在辰山植物园，我们除了能看到株型不同、花型各异、色彩丰富的品种外，还能看到自然界极少的、濒临灭绝的古老月季品种——绿萼。绿萼是月季爱好者们争相收藏的月季品种，也是中国古老月季的活体植物标本。其花朵和叶片都是绿色的，"花瓣"是由层层叠叠的萼片变异而来，非常罕见。绿萼花朵不大，直径一般为2.5—4厘米，盛开时花瓣尖端略带红色，无雌、雄蕊，因此不能结果，只能进行无性繁殖。

植物园的月季园又称爱情岛，占地面积约6000平方米，共收集展示杂种香水月季、丰花月季、壮花月季、微型月季、灌木月季和藤本月季500余种/品种。小岛四周湖水环绕，形成湖中有岛、岛中有花，山光花影倒映湖中的宜人景色。

我在哪里？

绿萼 月季园内
半圆形廊架北端

▽绿萼（寿海洋摄）　　▽月季园（沈戚懿摄）

温室里的神奇植物

◇

　　辰山植物园的展览温室是由热带花果馆、沙生植物馆和珍奇植物馆等3个单体温室组成的温室群，总面积为12 608平方米，为亚洲最大的展览温室群之一。

　　在沙生植物馆内，我们可以看到极其罕见的"冠状"巨人柱。这棵"冠状"巨人柱与它身边的其他巨人柱不同，它的顶端在自然状态下受到雷击，因为受伤而异常生长，这种现象叫做"缀化"。一般人工种植多肉植物常常采用人为手段对植物造成伤害，以培育特别的品种，但这株巨人柱为天然缀化，非常难得。

　　在珍奇植物馆里，在入口右侧，我们可以看到三个巨大的玻璃缸，里面生长着奇特的"食虫植物"，它们是猪笼草、茅膏菜、捕虫堇、瓶子草、捕蝇草等。众所周知，植物利用绿

我在哪里？

"冠状"巨人柱　植物园的东北角沙生植物馆

"冠状"巨人柱 ▷
（寿海洋摄）

叶进行光合作用，获得储存着能量的有机物。然而，对食虫植物而言，这些养分并不充足：它们野外生长的地方不是沼泽地就是流水滩，土壤中普遍缺乏氮元素，而氮元素是生命所必需的，为了生存下去，它们通过"捕食"昆虫获得需要的元素。

△ 捕蝇草（寿海洋摄）

我在哪里？

食虫植物 植物园东北角珍奇植物馆

野趣寻踪

植物园里的"采矿场"

◇

矿坑花园作为百年人工采矿遗迹，与其他专类园的不同之处在于它是一个生态修复型专类园。5年来，通过改造现有深潭、坑体、地坪、山崖等重要景观节点，提高沿线景观配置丰富度，使得矿坑花园的面貌焕然一新，构成景观精美、色彩丰富、季相分明的特色专类园，形成山水交汇、青石绿树、造型独特的景观。

在这里，能够看到大上海难得一见的山体、深潭、瀑布，若是运气不错，还可以在瀑布边上看到彩虹哦！沿着阶梯下行至深潭，再通过蜿蜒的浮桥，可以来到贯穿山体的山洞门口，这个山洞的建设曾得到中国人民解放军工程兵的大力帮助。

湖中看植物

◇

植物园的中心有一片水域，由形状各异的5个"岛屿"组成，分别为鸢尾园、

我在哪里？
矿坑花园
辰山山体的西南侧

▽ 矿坑花园（李致良摄）

△ 王莲

我在哪里?

王莲 水生植物园,
位于植物园中心展
示区的东南湖区

王莲池、湿生植物园、水生植物园和蕨类植物园,以展示独具特色的各类湿生与水生植物的景观形态。

在王莲池中,生活着一种植物,它的叶片能够承载几十千克的重量而不下沉,它就是王莲。每年的 9—10 月,经过一个夏季的生长,王莲叶片的直径已经达到 1 米以上,植物园会开展科普活动——宝宝坐王莲。届时,报名参加活动的小朋友们,会在家长的陪同下,陆续被抱上王莲大大的叶片上体验一次"水上漂"。通过乘坐王莲叶片,感受王莲巨大的承重力,让孩子和父母留下美好的回忆。

野趣酷玩

小朋友们玩起来

◇

　　儿童园以易于激发儿童探索自然的兴趣、具有趣味性的植物为载体，按照"游、学、体验"的设计理念，增设了多种不同的游乐设施，努力为不同年龄段的儿童打造接触大自然、学习植物学知识的场所。同时，儿童园东边的杉树岛上建造了一个四面环湖的树屋，成为孩子们的快乐天堂。此外，儿童园的北边还有一个"小小动物园"，充分展示了动植物和谐共存的状态。在这里，我们还能找到"网络神兽"——羊驼，游客不仅可以跟它们合影，在一些活动中，还有机会亲手喂它们哦！

　　大型节假日活动可关注官方网页上的活动预告或留意门口的活动海报，团队活动可关注上海辰山植物园官方微信号进行报名参与。

▽ 羊驼

一起来采摘

◇

在植物园里的蔬菜园，除了能让游客直观地认识与人类饮食密切相关的植物种类，还通过目前城市中新兴的"一米菜园"种植形式，提供场地让游客亲自体验农作物的种植、管理和收获过程，领略田园生活的魅力。

每年的秋季，辰山植物园都会举办"疯狂采摘季"活动，让孩子们看到餐桌上的食物是如何在土壤中生长的，并在其中穿插剥毛豆、玉米比大小等趣味游戏，让每个家庭都尽兴而归！

△ 采摘蔬菜　　活动请关注官方网页和微信号进行报名参与。　　△ 辰山奇妙夜

辰山奇妙夜

◇

经过细致周密的策划准备和有条不紊的执行操作，"辰山奇妙夜"科普夏令营活动不但让孩子们玩得开心，学到丰富的自然科普知识，还锻炼了他们独立生活能力以及团队合作意识，受到了学生及其家长乃至全社会的一致肯定。

△ 辰山塔

登上辰山看风景

◇

辰山是松江九峰之一，因"位于辰次"（即在"云间九峰"东南方），故名。本名秀林山，唐天宝六年（747年）更名细林山，又传说有神仙寄迹山中，也称神山。明清以来，多称辰山。山上设观景台，游客在此可纵观全园美景，还可看到日新月异的松江城区。山上最大的建筑为砖木结构的辰山塔，目前作为水塔使用。

▽ 北美植物区春季景观

△ 北美植物区旱溪花镜

美丽的北美植物

◇

　　每年 4 月，近 15 000 平方米的针叶天蓝绣球绚丽绽放，犹如给大地披上了粉色的地毯，颇为壮观。

　　全长 240 米的旱溪花境犹如峡谷中间的一条河流，蜿蜒贯穿其中。旱溪以形态各异的卵石为基调，在其周围布置了各种宿根花卉和观赏草，颇具日本枯山水的韵味。

野 趣 点 滴

____年___月___日___ 天气_____ 地点___

上海共青森林公园

　　上海共青森林公园位于杨浦区黄浦江畔，占地 131 公顷，绿地面积 124.7 公顷，有树 30 多万株，品种 200 余种，是上海市区唯一的国家级森林公园。公园由苗圃发展而来，最大特点是园内植物都为本地物种，是本地生态系统的代表。公园以森林造景为主，配以丘陵、草地、湖泊、溪流、密林、竹丛，构成野趣幽深的自然空间，呈现出"自然、野趣、宁静、粗犷"的特色，形成"春赏百花虫暗长，鸟啼夏荷远飘香，秋菊会友拾枫叶，林有冬果松鼠藏"的和谐环境。这里不仅是生物多样性丰富、自然景观优美、空气清新怡人的游憩场所，也是人们体验自然、重拾野趣、获取森林生态知识、唤起生态意识、引导生态行为的课堂。

野趣推荐

◇

　　在上海共青森林公园里，有这么一处集跑马休闲与森林美景于一体的妙趣之处——"林间轻骑"。它位于公园北部，占地百余亩，是中心城区难得的跑马地之一，与周边自然粗犷的森林背景完美结合在一起，故而得名。

　　放眼望去，在大片的杉树林的浓荫环抱下，一匹匹驯良的骏马驰骋在宽阔的跑马场上，四蹄翻腾，长鬃飞扬，壮美的英姿令人感叹。马场路旁种植了成片的桃树和海棠树，配以造型优美的石蒜，高低错落的景致使整个马场显得格外清新脱俗，同时又不乏野趣与粗犷。

△ 林间轻骑

野趣寻踪

自然、生态的花花世界

◇

　　春天的共青森林公园充分利用现有春季木本花卉营造生态景观，打造不同的赏花游览路线，展示花卉的形态特征、品种多样性和群体美。以江泽民植树纪念林为观赏中心，分别以樱花、海棠、桃花、林下草花为主题花卉，打造了浪漫樱花之旅、香沁海棠之旅、美丽桃花之旅、绿色生态之旅四条赏花路线，形成了一个市中心独特的森林大花海，充分展示了自然之美、生态之美，体现了共青森林公园得天独厚的植物自然景观。

▽ 海棠

我在哪里？

浪漫樱花之旅　沿西门主干道经过金三角一路向东至跑马场索桥，向南至迎滨轩，再由中日友好纪念林至江泽民植树纪念林

香沁海棠之旅　由南门入口至紫藤花架再到蓼风亭经过晴岚桥至江泽民植树纪念林

美丽桃花之旅　由南门紫藤花架经过丰乐亭到华明桥再到江泽民植树纪念林

绿色生态之旅　由金三角花坛经过花艺馆到绿荫茶室再到"盈湖晓月"

▽ 生态布景

森林深处觅鸟踪

◇

　　郁郁葱茏的共青森林公园，从脚底的青苔到高耸的大树伞盖，组成了层层叠叠、纷繁复杂的生命世界。这里是鸟类的天堂，森林中丰富的食料，复杂的环境，发达的水系吸引了各色鸟儿来此栖息。据调查，在共青森林公园共观察到108种鸟，且数量极多。草地上，常年能看到忙碌的乌鸫、闲散的珠颈斑鸠、怒发冲冠的戴胜。在密林中，能听到各种清脆的鸟鸣，像轻快的笛声，似柔美的小提琴。那是白头鹎、大山雀、黑尾蜡嘴雀、树麻雀等，它们藏在密密的树枝间，享受着最美好的时光。四通发达的水系，成了翠鸟、鹭类、小䴙䴘、黑水鸡等鸟儿的秘境。此外，共青森林公园的灰喜鹊数量极多，它们被丰茂的森林吸引，定居在此，繁衍生息，并以超强的捕虫能力护卫着森林安全。随着"共青"生态环境的改善，森林里更是出现了蓝翡翠、领雀嘴鹎、红嘴蓝鹊、黑翅长脚鹬、凤头鹰、小鸦鹃等难得一见的鸟儿的身影。在东部生态林区域，新近打造了观鸟长廊，观鸟区小桥流水，树木环绕，绿草茵茵，搭配种植红果冬青、海棠、紫薇、女贞等数十种鸟嗜植物，在吸引更多鸟儿休憩的同时，创造了优美的观鸟环境。

▽ 戴胜　　　　　　　　　　▽ 黑尾蜡嘴雀

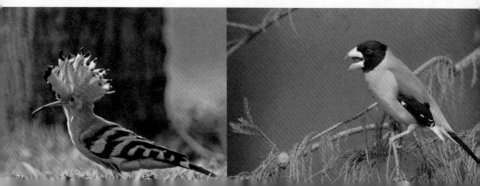

我在哪里?

乌鸫、斑鸠等 可在公园空旷的草坪上观察

白头鹎、大山雀等 可在香樟树林、池衫林、河边柳树应声而寻

小鸊鷉嬉戏 在"盈湖晓月"可欣赏

闲散鹭类 "曲水通幽"之境则能看到

观鸟区 东部生态林区域

△ 观鸟区

▽ 灰喜鹊   ▽ 蓝翡翠

秋林当爱晚，秋菊且飘香

◇

　　秋天是调色大师，把"共青"染成了彩色。每年 11 月以后，森林便迫不及待地换上了彩色的"秋装"，错落的彩叶树林点缀着整个公园，秋风穿林而过，彩叶离开枝干，铺天盖地，纷纷扬扬地飘舞。鸡爪槭、红枫、青枫、黄栌、无患子、栾树、银杏、池杉、水杉等树种构成了色彩各异、不尽相同的风情。柿子、麻栗、火棘、银杏果等野果迎来了成熟的季节，走在铺满彩叶的林中小道上，秋果挂满了路边的枝头，散发出果实的香气。置身于这样的秋色之中，人的心情也变得缤纷多彩。

　　每年金秋，菊花就成了"共青"的主角。水韵共青漾幽幽，尽是菊花香溢溢，各品种的菊花、通过不同的栽培手法形成大立

▽ 秋天的池杉

菊、塔菊、悬崖菊、柱菊、盘龙菊、菊树、菊球等，以及动物、花瓶、花篮等造型，菊花景观与生态共生，美景与文化兼容，菊花的形态与丰富内涵尽展其中。五彩缤纷的菊花映衬着秀美的公园景色，营造出一派自然野趣的境界，形成一幅立体的秋日赏菊图。

我在哪里？

秋色 由跑马场南侧主路经过"秋林爱晚"景区到"松涛幽谷"，一路能找到至美枫叶，东部小主人报纪念林可欣赏枫香，万竹园金色银杏与翠竹相映

菊花 以公园花艺馆为中心，西起西门主干道，东至百花园，南有天鹅池草坪，北至蘑菇亭草坪的中心区域

▽ 菊花景观

微观视角看森林

◇

在我们的印象中，往往觉得高大的树木、缠绕的枝蔓、纷繁的花草、灵动的飞鸟、偶尔出现的小兽构成了我们看见的森林，它们捕获了我们的注意力，昆虫、真菌之类的其他森林成员则被我们尘封在意识的暗室中。事实上，只要用心观察、细心探索，就能发现曾经为我们所忽视的野趣。

选择一处有阳光、有花草，乔木灌木丰茂、落叶层厚实的静谧之处，乍一看除了飞过头顶的一只山雀，周围似乎独我一人，然而当充分打开感官，不放过一处细节，你会发现终于找到了打开森林的正确方式：花间翩翩飞舞的蝴蝶，魁梧莽撞的木蜂，"蝇假蜂威"的食蚜蝇，偷吃叶片的毛虫，枝干上天牛排粪留下的印记，叶片潜道里的潜叶蛾，威武占据着领地的锹甲，在枝头声嘶力竭歌唱的黑蚱蝉、螽蟖……继续掀开落叶，这里的生物丰富得吓人一跳，土蜂、蜘蛛、鼠妇、马陆、蜗牛、蚰蜒等，应有尽有。还有肉眼看只是模糊小点，而在放大镜下却是数量惊人的弹尾目昆虫。这些"地下工作者"们有些似陆地猛虎，善于捕食其他类群，有些与土壤中的微生物有着千丝万缕的关系。如果时机选择得好，在温热的季节，一场滂沱大雨之后，在腐烂树叶、枯枝

▽ 红灰蝶　　　　　　▽ 食蚜蝇　　　　　　▽ 毛虫

和朽根之处便会遍布多姿多彩的子实体——各种真菌。它们在热浪和雨水的鼓励下蓬勃萌发，奋力吸取枯枝朽木剩余的营养，成了森林里摧枯拉朽的发动机，使养分和能量持续流向整个森林生态系统，成为森林旺盛的生产力。

到冬季，曾经活跃在森林里的精灵们都失去了踪迹，仿佛一切都睡着了，万籁寂静。那些属于变温动物的昆虫，会以卵、幼虫、蛹或成虫的某一个或几种虫态，在枯枝落叶下、石块下、树皮内、土壤中、甚至是房屋里，躲过漫长的冬天。冬之野趣，趣在林中探宝，去观察昆虫以什么形式来越冬。泥土深处，肥胖的金龟子幼虫靠着入冬前贮存的丰富营养物质安然越冬；仔细观察树干，总会寻到一条"隧道"，那是天牛幼虫们用自己强壮的上颚挖出的，而粗壮的树干可以很好地抵御严寒；蛾类与蝶类蛹的外层是坚硬的几丁质外壳，能忍受严寒侵袭，蛹体内贮藏着不少脂肪，可防冻伤……小生命们各显其能，靠着自己的智慧与严寒抗争，待到春暖花开，再继续既定的生命旅程。

> **我在哪里？**
>
> 访花昆虫　公园中心区域花坛花境中
> 主干昆虫　悬铃木、海棠枝干上
> 萤火虫　马场附近的密林中
> 真菌　松涛幽谷林下
> 地下生物　盈湖西侧阔叶林下

▽ 锹甲　　　　　　　　　　▽ 真菌

野趣酷玩

爱鸟观鸟

◇

　　4月，是草长莺飞的时光，是万物复苏的季节。除了看风景、赏繁花、踏新绿，更是观鸟的好时机。共青森林公园有着独特的城市森林资源、良好的生态环境、丰富的鸟类资源，是举办市民观鸟爱鸟科普教育的理想场所。近年来公园与上海市野生动植物保护协会、上海市野鸟会协作，举办市民观鸟大赛、爱鸟周开幕仪式，通过展板宣传、发放鸟类资料、举办亲子游戏和知识讲座、展出精美图片、发动爱好者带队观鸟等形式让市民亲身参与爱鸟活动，了解"共青"的鸟类情况，充实自己的鸟类常识，加深护鸟意识。

▽ 听爷爷讲鸟的故事

△ 夜游　　　　　△ 金蝉脱壳　　　　　△ 棉卷叶野螟

森林夜 PARTY

◇

活动详情请
关注官方网站、
微博微信宣传。

白天的"共青"，林间小鸟欢唱，空中蝴蝶翩飞，枝桠间松鼠跳跃，树下花猫慵懒地打着盹，一派自然野趣的世界。而夏日夜晚的"共青"也一样精彩。

在公园专业工作人员的带领下，"森林夜 PARTY"的参与者打着手电，沿着园路深入。一路上，粉蝶合上了它们骄傲的翅膀，倒挂在植物上静静地相依相伴；有着翠玉般通透的身体、傲娇地翘着尾巴的蜡蝉若虫，在春云实枝条上排着队，察觉有人，便蹦跳着四散开来；长腿的大蚊被电筒的光亮吸引，冒冒失失地跌进了光束中；还有小树林里，大量的黄脉翅萤星星闪闪、摇摇曳曳，在半空中营造了如梦似幻的美景；树干上，寒蝉正进行着美丽的蜕变；花境里的夜晚，着实热闹，如漆似胶的棉卷叶螟、集体婚礼中的鳃金龟、虎视眈眈的少棘蜈蚣、大腹便便的大腹园蛛等构成了生机盎然的世界。

森林科学营地

◇

森林是最好的课堂，自然是最好的老师，自 2015 年起，共青森林公园在暑期举办森林科学营地夏令营活动。园方根据森林公园的资源特色，结合青少年的特点，围绕"开启科学之门，探寻森林秘密"的主题，因地制宜地制定了相应的活动方案，使得营员在这远离都市、亲近自然的两天一夜里，走向户外，在森林里参加一系列形式多样、内容丰富有趣、寓教于乐的活动。森林科学营地为营员很好地展示了共青森林公园特有的森林资源，让营员们得以在城市之中感受到自然的魅力，在寓教于乐中拓展认知的广度。通过实地观察和跟踪，草木与虫鸟于营员们不再仅仅是书本上的概念，而是隐藏在大自然中生机勃勃、实实在在的小生命。

△ 野外学习植物知识

△ 观鸟

◁ 森林火车游

◁ 学习植物标本
制作

野 趣 点 滴

____年____月____日____ 天气_____ 地点___

上海滨江森林公园

　　上海滨江森林公园位于上海市浦东新区东北角的高桥镇高沙滩，吴淞口的东侧，西临黄浦江、北临长江，两江与东海在此相汇，形成了在上海独一无二的"三水并流"景观。作为上海森林覆盖率最高的郊野森林公园之一，由原三岔港苗圃改建而成的上海滨江森林公园占地 120 余公顷，主要的景区被划分为特色植物观赏区（包括杜鹃园、木兰园、蔷薇园）、湿生植物观赏区、生态林保护区、果园观赏区、滨江岸线观景区五个部分。

　　2007 年上半年，公园一期建成并向社会开放。公园以"自然、生态、野趣"为设计理念，保留了原生态的乡土植物和动物的栖息地，这里森林野趣盎然，为众多野生动植物提供了良好的生存空间，成为上海地区林地鸟类记录种类最多的公园之一。

野趣推荐

◇

　　对于上海滨江森林公园来说，最特别的物种莫过于獐了。獐是一种原始的小型鹿科动物，它们没有梅花鹿那样的鹿角，雄獐的嘴里有突出的獠牙，不过它们生性胆小，不会伤人。作为上海的"土著居民"，科研人员将已经在上海地区消失百余年的獐于 2009 年重新野放于上海滨江森林公园，多年来生活状况良好，运气好的游客可以偶遇可爱的獐自由自在地在园内奔跑，体验"小鹿乱撞"的独特城市野趣。

△ 奔跑的獐

野趣寻踪

独特水体

◇

　　坐拥森林遥望江海，可谓是上海滨江森林公园的最大特色。首先值得一提的一定是上海滨江森林公园独特的水体环境。

　　一方面，公园的北侧拥有两公里长的临江岸线带。沿着公园正门一路向北，就可以来到观赏江海的最佳位置。在较小的空间尺度上，我们隔着黄浦江与吴淞口另一侧的炮台湾国家湿地公园、炮台山相对；在较大的空间尺度上，我们隔着浩荡长江与崇明岛南边的横沙岛以及崇明东滩鸟类国家级自然保护区、九段沙湿地保护区相望。不远处的外高桥码头、吴淞国际客运码头、引

▽ 公园远眺

领着繁忙而有序的长江航运，从万吨巨轮到豪华游船，从轻盈快艇到舢板渔船，各式各样的船舶在吴淞口灯塔的指引下来来往往，使这里成为由水路进入上海的门户景观，也是上海别处罕见的独特景致。

另一方面，公园里纵横交错的水系，或以可行船游乐的湖泊呈现，或以只能观赏荷塘景色的池塘凸显，或以那些贯穿沟通着公园各部分的林间河道小径的形式出现，各有一番幽静之意。尤其是公园西侧的湿地生态观赏区，错落的水边石道边是鸢尾、水葱、再力花等挺水植物围成的浅湖，夏季荷花、睡莲盛开，湖边芦苇、芦竹丛生。这样的湿地景观，为许多市区不常见的鱼类和两栖类提供了良好的生存条件，成为夏夜蛙声一片的源泉。多样化的水体环境塑造了公园的内敛优雅，让穿梭其间的人体会着温润的感觉。

别样绿意

◇

上海滨江森林公园所在地高桥镇高沙滩，是50年前围垦而成的土地。经过半个世纪的精心培育，公园的前身三岔港苗圃内逐渐形成了面积大、分布广和类型多样的近自然植被，使得整个公园萦绕着郁郁葱葱的绿意。

无论是果园观赏区的橘林和杉林，还是生态林保护区的香樟林和女贞林，树木株株高大挺立，尽显城市森林之雄姿。公园里的各处树林，都是以本土树种作为优势树木进行栽培的，除了香樟、女贞、水杉，我们还能找到点缀其间的乌桕、枫杨、榉树、石楠。

这里有借地而起的木兰园和蔷薇园，怪石林立的杜鹃园。早春二月的白玉兰、紫玉兰，盛春三月的樱花、海棠、梨花、桃花，春末四月的杜鹃花，次第盛开，万紫千红惹人难忘。到了秋季公园花展期间，则是由百日草、波斯菊、向日葵等组成动人的秋色。

▽ 滨江春景（王鹤春摄）

△ 水体和自然植被

　　上海滨江森林公园还生长着各色野花野草，二月兰、一年蓬、刺果毛茛、猪殃殃、大巢菜、蛇莓、婆婆纳、通泉草等都在森林中自由地盛开，少有修剪。良好的自然植被条件吸引着各色昆虫前来，各种各样的蝴蝶、鸣蝉点缀着公园的野地，使得整个公园成为一个生机盎然的生命世界。

我在哪里？

果树　秋季在公园东侧的果园观赏区观赏橘林

密林　一年四季在公园西侧的生态林保护区观赏成片的香樟林

春色　春季在公园北部的特色植物观赏区依次观赏梅花、白玉兰、辛夷、樱花、桃花等的盛开胜景

花展　春季在杜鹃园有杜鹃花展，秋季在大草坪有菊花展

野花　一年四季在公园的各个角落

精彩鸟类

◇

　　上海滨江森林公园独特的地理位置和植被条件使这里成为上海地区野生鸟类观赏的最佳地点之一。市区常见的白头鹎、乌鸫、珠颈斑鸠这些林鸟自不必说，那些在其他公园难得一见的林鸟也成为这里的常住居民，例如长年喜欢在公园西侧灌木丛中跳跃活动的画眉，在池杉、落羽杉上啃食果实的黑尾蜡嘴雀，还有冬季留在公园越冬的大群斑鸫、红尾鸫、树鹨和灰头鹀、黄喉鹀等。夏季有时还能找到罕见的在此繁殖的红翅凤头鹃，冬季偶然能看到成群的小太平鸟，甚至还有普通鵟和红隼这样的猛禽。

　　由于公园地理位置优越，迁徙路过的许多林鸟会选择在此处短暂停歇，我们可以在合适的时间在公园东侧的树林中看到罕见的棕腹杜鹃、中杜鹃、普通夜鹰，在滨江岸线看到蓝矶鸫，在西侧的生态林保护区看到白腹蓝鹟、白眉姬鹟等，甚至在公园门口的大草坪也有机会看到成群结队的黄鹡鸰。它们都是上海市区难得一见的"稀客"。

　　另一方面，由于上海滨江森林公园有着丰富多彩的水域环境，使得市区其他公园不怎么常见的黑水鸡、小鸊鷉、白鹭、夜

△ 白鹭　△ 白头鹎　　　△ 八哥　　　　　△ 画眉

鹭、牛背鹭等在这里都十分普遍。靠海的特殊地理位置，更赋予
在公园的冬季于滨江岸线观赏银鸥的机会。对于观鸟而言，上海
滨江森林公园绝对是佳地。

我在哪里？

普通林鸟 公园的不同区域分别有鸟类观赏指示牌指示常见的林鸟出没的
生境

罕见林鸟 公园隐秘的一些角落，例如最东侧的树林里

白鹭、夜鹭、小䴙䴘和黑水鸡等水鸟 公园的河道和池塘

灵动之獐

◇

说到野趣，上海滨江森林公园最夺人眼球的野趣之物一定
是园区里野放的獐了。作为上海的"土著居民"，已经在上海地
区消失百余年的獐，于2009年11月重新被野放回上海滨江森林
公园。

作为原始的鹿科动物，獐在上海消失的原因在于城市发展使
得獐原有自然栖息地逐渐消失。而作为上海地区野生动物重新引
入的先锋，獐一直是上海地区野生动物保护的关键。上海滨江森
林公园作为郊野公园，有足够的空间和丰富的植被，不管是栖息
还是食物保障，都能满足獐自由生活的要求。所以上海滨江森林
公园成为上海地区獐的首批野放场所之一。

现在，獐自由自在地生活在公园隐秘的角落中，每年都有新

的小生命诞生。它们生性警觉而敏感，不容易被人发现。如果游客运气好的话，会突然看到草丛中飞奔而过的身影，如此"小鹿乱撞"，实在是城市里难得一见的大型野生动物与人类和谐共存的奇景。倘若亲眼目睹它们的身影随即远去消失在树林和草丛中，绝对是令人难忘的美好野趣记忆。

我在哪里？

獐 在公园的隐秘角落会有不经意的相遇

◁ 二月兰中偶遇獐

◁ 深秋时分一只獐跑过水杉道

野趣酷玩

观 赏 和 观 察 植 物

　　特色植物观赏区（包括杜鹃园、木兰园、蔷薇园）、湿生植物观赏区、生态林保护区、果园观赏区、滨江岸线观景区五个部分都有值得一看的景观设置和独特的生境特征，可以开展自然和人工生境观察、自然笔记等活动。在整个公园可以开展各种栽种植物和野生植物（尤其是野生草本、栽种乔木以及湿地植物）的观察识别活动。

桃花 ▷

杜鹃园 ▷

△ 滨江岸线观景

观看三水并流景观

◇

在滨江岸线观景区部分，可以观看黄浦江、长江与东海的三水并流景观，体会自然环境的变迁，也可以开展地质观察、云和天象观察等活动。

观察动物

◇

在整个公园，可以开展对昆虫等无脊椎动物的观察识别活动，尤其是对各种蝴蝶、蝉、蝗虫、螽斯、蜘蛛等。同时，可以进行各种鸟类的观赏识别活动。常见留鸟有白头鹎、乌鸫、珠颈斑鸠、树麻雀、大山雀、画眉、八哥、白鹡鸰、小䴙䴘、黑水鸡、夜鹭等，常见夏候鸟有白鹭、牛背鹭、家燕等，常见冬候鸟有斑鸫、红尾鸫、树鹨、灰头鹀、黄喉鹀、黑尾蜡嘴雀、白腹鹀、蒙古银鸥、织女银鸥等，常见旅鸟有白腹蓝鹟、黄鹡鸰、蓝矶鸫、普通鵟等。

在公园的水体区域，可以开展各种水生动物的观察识别活动。其中鱼类有白条鱼、食蚊鱼、乌鳢、鳈鲅等，两栖动物有中华大蟾蜍、黑斑蛙、金线蛙、泽蛙、饰纹姬蛙等，甲壳动物有隐秘螳臂相手蟹、克氏原螯虾、中华小长臂虾等，软体动物有中华圆田螺、萝卜螺、椎实螺等。

寻觅"獐"影

◇

在整个公园的隐蔽环境可以开展寻觅獐的活动，寻找獐的脚印、粪便、卧迹等活动痕迹。

△ 公园水体

野 趣 点 滴

____年___月___日___ 天气_____ 地点___

吴淞炮台湾国家湿地公园

[李柯摄]

　　你看过黄浦江、长江、东海三水交汇的地方，走过2000多米的沿江步行栈道吗？可亲近过湿地里的小动物，远眺鸟儿在滩涂上闲庭信步，抚摸迎着江风摇曳的大树？又是否目睹过曾经守护魔都的"吴淞炮台"？如果你还没有到访过吴淞炮台湾国家湿地公园，那么，你一定要来这里走一走。

　　吴淞炮台湾国家湿地公园位于上海市宝山区，湿地和陆地总面积106.6公顷，其独特的原生湿地环境和丰富的历史内涵，形成了缤纷多彩的河口湿地景观。寻觅野趣，这里是不可多得的好去处。

野趣推荐

沿江栈道的妙趣

◇

　　炮台湾湿地公园里最值得一提的，莫过于公园东侧的沿江栈道。栈道一侧有多处延伸至江面的观景平台。在这里，你不但能近观长江与黄浦江交汇之处的滩涂湿地，看到水陆变化造成的不同植物群落类型，看到滩涂上取食的水鸟和滩涂小动物，还能远眺江上船只往来，坐观天边云卷云舒，一览三水交汇的美景。

△沿江栈道

野趣寻踪

滨江滩涂

◇

站在炮台湾的沿江栈道上，面朝江水而立，往右，可以与浦东的滨江森林公园隔江对望；往前，是两大宝岛长兴岛和横沙岛；往左，便能一览长江入海口。

走在栈道上，可别光顾着享受凉风，俯下身去，往岸边的岩石堆里瞧一瞧，一定会有不小的收获！看看石头缝里、芦苇丛中躲避着蛸蜞，小水塘里自在游泳着小鱼，还有螺蛳、蛙类，等等。

当然啦，不仅人类会被这些泥沼里的小动物吸引，很多鸟儿也会选择在这里落脚觅食。炮台湾湿地滩涂紧邻海岸线，食物丰富，人为干扰和船只影响较小，诸多优良的地理条件吸引了鸥

▽ 生机勃勃的滩涂

类驻足。因此，这里成了上海地区赏鸥首选处，也是冬季鸥类良好的越冬栖息地。清明回暖时期，鸥鸟将要迁徙，待到入冬时再回来，每年3月之前是此处观赏各类鸥鸟的最好时节。另外，你还可以在这里看到麻雀、白头鹎、小鹏鹏、白鹭、斑嘴鸭、矶鹬、凤头潜鸭、金眶鸻、红颈瓣蹼鹬，等等。

我在哪里？

蚰蜒 沿江步道边的石缝、芦苇丛中

螺蛳、蛙类 园中小湿地

各种鸟类 各处观景台

护岸的绿色"卫士"

◇

守着江水生长的，除了动物，自然还有不少植物。

临水生长的，是耐水淹的蘸草、芦苇、菰等植物。别看它们那么"柔弱"，随风倒伏，其实它们的根系深深扎在滩涂上，握紧泥土，固定土壤，露出水面的长长叶片减弱了风浪。靠近陆地的地方，还有不少河柳、柽柳，它们的存在进一步减弱了风浪对堤岸的侵蚀。

沿着堤岸，栈道的西侧，是20—50米宽的防护林带。林带中，夹竹桃极为常见，它既耐水淹，又能抗旱。作为一种体型较大的灌木，夹竹桃枝叶茂密，枝条柔软，迎着江风，开出或白或红的花朵。枫杨也是岸边常见的植物，一到盛夏，它们便结出一串串果实，挂在枝头，映在水中。仔细看看它的果实，你想到了什么？像不像一只只绿色的大苍蝇？所以枫杨还有一个名字——苍蝇树，它的果实叫作翅果。岸边的树林里还有一些油松，运气好的话，也许能在草丛里捡到手掌长的油松球果哦。

在临江的小湿地中，还有不少水生植物，比如睡莲、梭鱼草、再力花等。其中再力花有"水上天堂鸟"之称，它不仅仅是一种以美貌取胜的植物：它的花柱被触碰后，会迅速扭动，将前来拜访的昆虫夹住（有时甚至能夹死），当昆虫好不容易挣脱时，身上便裹满了花粉，当它拜访下一朵再力花时，便完成了花朵交给它的使命——将花粉传播出去。水中还有蝲蛄、螺蛳、蛙类，它们享受着安宁的生活。抬起头，树上蝉声呜呜，或许你能找到蝉蜕。

我在哪里？

藨草、芦苇、菰等 沿江观景台
柳树、柽柳 沿江步行栈道
夹竹桃、枫杨、油松等 沿江步行栈道西侧
睡莲、梭鱼草、再力花等 园内各处小湿地

▽ 滩涂绿化

△ 公园小潭（宋晨薇摄）

小翠，小翠，是你吗？

◇

炮台湾湿地公园里最多的，便是"水"元素。除了江边沿岸的滩涂和小湿地，在距离西门不远处，还有一处瀑布，此处仿佛是花果山。瀑布下方的小潭以岩石为岸基，潭中部有石块，不失为一个亲水的好去处。

在下游，连接着几个小潭，值得注意的是位于中间较为隐秘的一个小潭。如果你是一位观鸟爱好者，对自然界中美丽的生灵怀有憧憬，那么这里一定不容错过！小潭四周植被茂密，静静的潭水中央有一个水缸，缸里游着小鱼，两侧立有两根枯树干，这一切都是为谁准备的呢？这么神秘的所在，究竟是谁的住所呢？

如果你的运气够好，那么，你将会看到小翠鸟大驾光临！潭中的水缸和树干其实是之前的观鸟爱好者所为，供翠鸟栖停取食。在一侧的岸边，柳树下，也有之前的观鸟者留下的石块，你可以坐在那里，静候翠鸟的到来。悄悄告诉你，今年炮台湾湿地公园里已经有第三代小翠鸟破壳而出啦！不少爱好者都曾在这里观察记录到翠鸟。所以，你也不妨来到这个树林阴翳的小潭边拜访一下这些美丽的空中精灵。

在下游更加开阔的地方，还可以观察到其他成群的鸟儿在岸边休憩取食。盛夏时分，潭中有睡莲静静绽放，一片安逸。那么，你会在这里耐心等候翠鸟的到来吗？

我在哪里？

翠鸟 "瀑布溪流" 景点中部小潭

矿坑花园里的 "群芳谱"

◇

值得一提的是公园里的矿坑花园——一个名副其实的"花园"。不同的季节，不同的花开果红，四时之景不同，而乐亦无穷。

你看，凌霄花的藤蔓攀满了溪水两岸的石壁，朵朵橙红色的花朵点缀其上，宛如一位少女簪花发间。水鬼蕉映着溪水，伸开丝状的花瓣，随风轻舞。丛丛蒲苇和狼尾草，顶着支支带芒的花序，像朋克少年，桀骜不驯。较高处有几株黄栌，绽放着粉色的花团，像轻雾，又好似一树烟火，待到入秋，它又换上一身红装——著名的香山红叶，说的也就是它了……循着溪水往上游走，或许，你能看到鼠尾草，低低地伸出绿枝，绽出串串蓝色的小花。较为阴蔽的地方，紫娇花正举着粉紫色的花朵招摇，别看它的花朵这么可爱，叶片却有着一股浓烈的韭菜味。但是实际上，这两种植物，并不是一家亲戚——紫娇花属于石蒜科，与水仙花同属一科（Family），而韭菜则属于百合科，与百合、蒜同住一"家"（family），关系更近。

花坛里还种了很多银叶菊，凑近仔细观察，轻轻抚摸它的叶片，你便能发现它的叶片呈现银白色的原因了。路旁，或能看到罗汉松正结了种子，鲜红的果托举着绿色的种子，就好像一个个披着袈裟打坐念经的小罗汉。抬起头，树上的乌桕也结了一串串果实，成熟时黑色的果皮爆开，露出雪白的种子，衬着被秋风染红的乌桕叶，分外好看……多彩的花园映着淡蓝绿色的湖水，怎么能不沉醉？

我在哪里？

矿坑花园 公园东门小木屋北侧

▽ 矿坑花园

木兰雅苑

◇

在公园里，有一个叫作"木兰雅苑"的不起眼的小园子，它是上海种植木兰科植物品种最多的地方，围绕着中心的旋转木廊，种有40多种木兰科植物。

你一定要在春天来到这里，不然会因为错过这里的美景而后悔！春天花开时节，白紫黄粉，园子里好似打翻了调色盘，错落有致，色彩缤纷，引人驻足。而到了夏天，扭曲的菁葵果挂在枝头，一团团的鲜红点缀在绿叶间，仿佛又是一树花开。

△ 木兰雅苑旋转木廊

我在哪里？

各色木兰 "木兰雅苑"景点

知识的海洋

◇

了解自然，也许还需要更多方式，湿地公园有不少值得你停留的地方。

在长江河口科技馆，你可以了解到更多关于长江河口的自然生态、科技应用、历史人文等知识。科技馆的外形设计，采用在大地上切口、"撕皮"起翘的设计概念，融合"太极鱼"轮廓，并覆以植被，形成与周围山体形态相仿的建筑三维形态。麻雀在这里安家，看着春华秋实；一群群少年来到这里，求知若渴。

在炮台湾纪念广场，你不但能够享受自然野趣，还能感受到历史的变迁。峥嵘岁月在这里凝固，自强不息的中华民族精神代代传承。

长江河口科技馆的旁边有一个贝壳剧场，顾名思义，剧场的外形像一枚倒扣的洁白贝壳，四周绿荫环抱。这里可以容纳千余人，是沪上不可多得的大型室外观演场所。

△ 长江河口科技馆

我在哪里？

长江河口科技馆 公园西北角，靠近矿坑花园
炮台湾纪念广场 公园中央
贝壳剧场 公园东北角，中心主干道东侧

▽ 炮台湾纪念广场　　　　▽ 贝壳剧场

野趣视点

溪水为什么是蓝绿色的?

◇

矿坑花园的溪水都透着碧蓝的颜色!为什么会这样?

答案就在岸边的岩石间——那儿有一个巨大的浮雕石碑,赫然刻着"钢铁是怎样炼成的"。没错,这里曾经是一个采矿炼钢遗留下的矿坑,溪底矿渣的金属氧化物含量较高,这些不同的氧化物转化为离子溶于水,再加上水中微量的藻类,使水体也带上了颜色。溪底的白垩使得水体具有轻微的浑浊感,而且水较深,使得溪水呈现出这般好看的蓝绿色。

△ 矿坑花园池水(宋晨薇摄)

矿坑为什么变成了花园?

◇

这里原本是采矿的废弃工地,废弃物的排放和堆存使得土壤中重金属含量很高。有害的选矿物料会严重污染周围的环境,并通过大气、水体、土壤,通过层层食物链,最终对人类的健康造成危害。因此,矿坑的生态修复意义重大。

经过对废弃工矿土地的一系列改造,通过表面覆土,利用植物的富集能力，良好地改善了环境，还我们一个生机盎然的美丽花园。炮台湾公园是建造在钢渣堆上的生态园林。矿渣铺成的小路、潺潺流淌的湛蓝溪水还原了公园的过往，丰富的花草树木、起舞的彩蝶讲述着公园的今天……

欢迎观赏，请勿捕捞

◇

你常常会看到很多小朋友手里拿着网兜，提着水桶。不错，他们都是来捉蜻蜓、捞小鱼的，这也是爸爸妈妈们小时候的乐趣！全家出动，回忆童年。

但是，比起把这些小动物捕捞、捉走，我们更提倡大家去观察它们，看看蜻蜓喜欢吃什么？怎样去捕获食物？观察不同小鱼身上的斑纹等。毕竟，它们都是生态系统中不可缺少的一部分。或者，你也可以去树林中，捡拾大自然的礼物；抬起头，找一找盛夏树上的蝉蜕；举起望远镜，搜寻滩涂上的鸟儿。用眼睛，用心灵，感受大自然的多彩。

▽ 湿地上惬意生活的鸟儿

野 趣 点 滴

____年___月___日___ 天气_____ 地点___

上海崇明东滩鸟类 国家级自然保护区

入口
ENTRANCE

[张俊松摄]

[黎军摄]

　　上海崇明东滩鸟类国家级自然保护区（以下简称"保护区"）是以迁徙鸟类及其栖息地为主要保护对象的野生动物类型自然保护区，位于长江入海口，地处中国第三大岛崇明岛的最东端，保护区区域面积241.55平方千米，约占上海市湿地总面积的7.8%。保护区及其附近水域是具有全球意义的生态敏感区，是迁徙水鸟补充能量的重要驿站和恶劣气候下的良好庇护所，同时也是部分水鸟的重要越冬地。据调查统计，每年在保护区栖息或过境的候鸟近百万只次，保护区也是上海国家级自然保护区之一。

　　2010年7月，崇明东滩鸟类国家级自然保护区管理处在保护区实验区内建成了崇明东滩鸟类科普教育基地，包括"一线四馆"（四个主题展馆和联络通道）和互花米草生态治理展示区。人们不仅可以在这里观鸟，还能了解河口湿地生物多样性和城市边缘的生态环境。2016年，东滩鸟类科普教育基地成功入选"中国十大最美湿地博物馆"。

野趣推荐

震旦鸦雀

◇

　　在科普基地里的芦苇荡，有一种非常特别的鸟——震旦鸦雀，它的觅食、筑巢、繁殖等所有活动都在芦苇丛中，被亲切地称为"芦苇荡里的精灵"，它也是上海的生物名片。春冬时它能靠鹦鹉一样的嘴撕开芦苇的叶鞘，吃里面的虫子，是"芦苇中的啄木鸟"。芦苇群落的保护，直接关系到震旦鸦雀在东滩保护区的生存。为了保护好震旦鸦雀，保护区对芦苇群落采取了分区域、分时段的收割管理方式，这样就保证了震旦鸦雀随时都有生活的家园。

△ 震旦鸦雀（袁赛军摄）

野趣寻踪

湿地芦苇揽胜

◇

仁立在 98 大堤的"崇明东滩湿地"标志石旁，眼前是一望无际的芦苇荡，芦苇群落是崇明东滩主要的植被之一。崇明东滩鸟类科普教育基地就坐落在这片广袤的芦苇荡里。这里是保护区互花米草生态治理和鸟类栖息地优化示范区之一，也是近年来水鸟们钟爱的欢乐天堂。春夏秋冬，漫步在科普教育基地的参观步道上，穿行于芦苇之中，随时都能欣赏到湿地鸟儿们的风采。

△ 一望无际的芦苇荡（冯雪松摄）

在万物生长的春天，芦苇的新芽从湿地里渐渐地生长出来，芦苇荡也从一片枯黄逐渐绿了起来。震旦鸦雀在芦苇枝头呼朋引伴，不知不觉中都已经成双入对。很多鸟类从南方飞来东滩。先是家燕在芦苇的上空翩翩起舞，然后是黄苇鳽偶尔在芦苇间闪

△ 黑脸琵鹭（张斌摄）

过。黑水鸡也在芦苇里来回游弋，时不时发出单调的呼唤。到了
5 月，东方大苇莺开始在芦苇丛中无休止地欢唱，期待着尽快找
到心仪的另一半，生儿育女。过不了几天，大杜鹃也尾随而来，
在芦苇上空且飞且鸣，预示着夏天即将来临。此外，青脚鹬、黑
腹滨鹬等鸻鹬类水鸟也会在附近的浅水区域栖息觅食。

　　随着夏天渐渐来临，芦苇荡里的留鸟和夏候鸟成了这欢乐
世界的主角。白鹭、苍鹭等鹭类开始在此捕食小鱼。黄苇鳽、
黑水鸡在芦苇深处搭建起漂浮在水面的巢，东方大苇莺和震旦鸦
雀则把巢编在苇秆之间。家燕的宝宝们在屋檐下茁壮成长，湿地
里数不清的蚊虫是它们最爱的美食。大杜鹃是个"卑鄙"的家伙，
它们不肯辛苦筑巢，而是偷偷地把卵产在东方大苇莺和震旦鸦雀
的巢里，任由自己的后代杀害别人的孩子，骗取别人父母的抚育。

盛夏时节，芦苇荡里炎热异常，但是却有机会在这里邂逅各种鸟儿拖儿带女的有趣现象。而随着各种鸟宝宝逐渐长大，芦苇荡的夏季也一天天过去了。

秋天，当芦花开始抽穗并变得飘逸时，"落霞与孤鹜齐飞，秋水共长天一色"的景象陆续显现。保护区作为雁鸭类（鸭、雁、天鹅）水鸟南飞越冬时的天然觅食站，吸引了大群雁鸭鸟类的到来，优化区的浅水区域，依旧有大量鹭类栖息、觅食。而夏天在芦苇里繁殖的鸟儿们，除了震旦鸦雀，都踏上了南归的旅程。耳畔听到的都是鸭子们欢乐的叫声。如果你耐心等候观察，漫天飞过的鸟群会给你带来最大的惊喜。

冬天的芦苇荡一点也不寂寥，由于这里冬季的水面很少结冰，雁鸭类、鹤类、鹭类、鸥类水鸟便选择了这块"风水宝地"度过寒冷的冬天。当各种野鸭全部抵达之时，放眼望去，大片的鸭子在水面游来荡去，蔚为壮观。由于野鸭类个头很大，即使没有望远镜，也能很容易地欣赏到它们的倩影。

> **我在哪里？**
>
> 芦苇荡 科普基地参观步道

感知生命之源

◇

在"生命之源"展馆，公众可以通过多媒体、球形投影、动画投影等多种表现形式了解水、湿地、生物多样性与气候变化之间的关系。特别是"四季东滩"展区，通过艺术化的表现形式重现东滩湿地自然风貌，向参观者展示了保护区丰富的动植物资源以及四季不同的湿地美景。当参观者进入展区，仿生芦苇轻轻摇摆，一幅巨型手绘的油画艺术作品展现在面前，一望无际的湿

△ "生命之源"展馆（张俊松摄）

我在哪里？

仿生芦苇"生命之源"展馆的"四季东滩"展区

地美景通过多媒体投影装置将动态的生物形象映射在油画作品上，影像与灯光交互配合，让人尽情欣赏如诗如画的东滩四季变化，尽览东滩湿地的生机万象。

体验生命之旅

◇

在"生命之旅"展馆，参观者可以通过3D影片了解一种长距离迁徙的鸟——大滨鹬的故事：影片的"主人公"是一只2007年3月14日在崇明东滩戴上环志的大滨鹬，它和同伴们每年在澳大利亚西北部越冬，春季时向北迁徙，途经崇明东滩等中途停歇地，最终到达西伯利亚繁殖后代。这些坚强的大自然精灵历经风暴、海浪及人类干扰等艰难险阻，最终完成了壮丽的生命

野趣上海

我在哪里？

关于大滨鹬的 3D 影片
"生命之旅"展馆

"生命之旅"展馆观影地 ▷
（张俊松摄）

之旅。观看完影片后，参观者可以深入了解鸟类伟大、艰辛的迁徙历程以及保护栖息地对鸟类生命延续的重要意义。

学习湿地知识

◇

△ "生命驿站"展馆（张俊松摄）

我在哪里？

可供阅览的书籍 "生命驿站"展馆内的自然教室及自然书屋

在保护区，不仅能观察自然，还能从各种场馆了解到湿地知识。

在科普基地的"生命驿站"展馆设有"自然教室"及"自然书屋"两个功能区。自然教室内设有桌椅、音视频设备及数量众多的鸟类翅膀、尾羽、骨骼等教具标本，主要用于开展各类自然教育活动。自然书屋由爱心人士陈健老人捐资设立，书屋内收藏了各类与自然环保相关的科普图书近 1500 册。凭有效证件，大家就能进入阅览。

对话生命映像

◇

在科普基地"生命映像"展馆，参观者可以欣赏崇明东滩乃至上海地区常见的鸟类标本近 250 余种，以及部分鱼类、底栖动物标本。标本展柜以封闭式的云台，配合高清写真构造生境，按照鸟类生活的芦苇带、草滩、光滩，以及潮下滩水域进行分割，配有清楚的标牌解释和说明，供参观者全方位、立体地观赏鸟类、鱼类和底栖动物。生命映像馆的设立，除了向公众展示自然保护区物种的分布及其形态特征，更多的是希望公众通过参观，了解标本背后的故事，深入理解人人参与保护对于生物多样性可持续发展的重要性，并付诸行动。

我在哪里?

动物标本 科普基地 "生命映像"展馆

▽ "生命映像"展馆（张俊松摄）

野趣视点

拒食野鸟，健康生活

◇

2011 年 2 月 10 日，崇明东滩鸟类国家级自然保护区内发生非法毒杀小天鹅（国家二级重点保护鸟类）、斑嘴鸭和绿头鸭惨案。嫌犯试图将毒杀的野鸟卖到餐馆谋取暴利。正是络绎不绝的食客，催生了长久以来一直存在的屠杀野鸟的违法犯罪现象。"没有食用就没有杀害"，请大家从自己做起，拒绝食用野生鸟类，爱护我们的鸟类朋友。

保护湿地，修复生态

◇

湿地与人类的生存、繁衍、发展息息相关，是自然界最富生物多样性的生态景观和人类最重要的生存环境之一。它不仅为

▽ 美丽的湿地（张俊松摄）

人类的生产、生活提供多种资源，而且具有巨大的环境功能和效益，在抵御洪水、调节径流、蓄洪防旱、控制污染、调节气候、控制土壤侵蚀、促淤造陆、美化环境等方面有不可替代的作用，因此，湿地被誉为"地球之肾"。在世界自然保护大纲中，湿地与森林、海洋并称为全球三大生态系统，保护湿地对保护生态环境至关重要。

20世纪90年代末，外来入侵植物互花米草开始在上海崇明东滩鸟类国家级自然保护区内快速扩散蔓延，侵占了大量土著植物的分布区，严重危害到滩涂底栖生物的发育生长，影响了迁徙鸟类在滩涂湿地的取食和休息。从2013年9月开始，东滩保护区实施了互花米草生态控制与鸟类栖息地优化工程，采取生态学与工程学相结合的途径，有效地控制了互花米草生长扩张并修复了鸟类栖息地功能，营造了近25平方千米的优质鸟类栖息地，维持和扩大了保护区内鸟类的种群数量，明显改善了崇明东滩国际重要湿地的质量。

▽ 栖息地环境优化后欢乐的水鸟们

野 趣 点 滴

____年___月___日___ 天气_____ 地点___

上海崇明西沙
国家湿地公园

　　满目芦苇摇曳，影影绰绰，空气沉淀成一片清新的翠绿，深向远处的栈道洒满初春慵懒的阳光；夏日，脚下蝤蛑穿梭，窸窸窣窣，土壤散发出一股生命的气息；秋风袭来，芦苇似海浪涌过，伸手可触。这旖旎的湿地风光与繁华的都市仅一江之隔！

　　这里是西沙湿地，上海崇明岛国家地质公园的核心展示区域，它保存了 17 种地质遗迹和地貌景观。湿地中潮沟纵横，具有湖泊、泥滩、内河、芦苇丛、森林沼泽等不同的湿地形态。潮汐的涨落孕育了多种湿地生物，迁徙到来的候鸟，长驻的留鸟"鸟中熊猫"震旦鸦雀，罕见的中华鲟，以及难得一见的"红"色树林下的"根雕艺术"。无论是独自前往探索这个奇妙的动植物世界，还是由经验丰富的科普老师带队讲解湿地的奥秘，都将是值得回味的旅程。

野趣推荐

"被煮熟" 的蛸蜞

◇

在西沙有一种最为常见的红蛸蜞，它们双螯和甲壳呈血红色，极为漂亮。总有小朋友问起，那"螃蟹"是不是被煮熟了，怎么那么红？这红蛸蜞其实是青蛸蜞（学名隐秘螳臂相手蟹）的旁亲——红螯相手蟹，其体型较小，在生活习性上与青蛸蜞也有很大的不同，红蛸蜞似乎更爱干净，它们的洞穴一般建在地势高、较为干燥的森林湿地里，不像青蛸蜞那样喜欢待在芦苇荡下的淤泥里生活。想寻找这种血红色的蛸蜞，当然得前往西沙湿地深处的森林湿地。

△ 红螯相手蟹

野趣寻踪

从潮沟看千年中国

◇

西沙湿地是观看潮汐现象的绝佳地点，有 34 条天然形成的淤积潮沟，展示了沿海地区潮沟变迁的现象和文化。每天两次周而复始的潮汐，形成了这别具一格的"九曲十八弯"——上海崇明岛国家地质公园主要的潮沟地貌特征。

潮汐是沿海地区的一种自然现象，是指海水在天体（主要是月球和太阳）引潮力作用下产生的周期性运动。涨潮时江水流入条条潮沟，时而湍急（初三潮十八水，眨眨眼没到嘴）、时而缓慢（二十五、二十六无涨无落），无声无息。潮沟像血管般将潮水输送到湿地各处，不多时芦苇根部就沉浸在一片江水里。退潮时，江水有时汹涌，有时缓缓地向外流出，剩下一条条大小不一、时而满水时而露干的潮沟，纵横交错，等待潮水下次涌进。这些潮沟看似不起眼，却记录着长江在崇明岛 5000 年泥沙沉积的文化历史。当长江水奔泻东下，流入河口地区时，由于比降减小、

▽ 湿地潮沟

◁ 苔藓

流速变缓等原因，所挟大量泥沙逐渐沉积于此，经过50万年才慢慢从水下200—400米形成这世界最大的河口冲击岛——崇明岛。湿地疏浚的潮沟淤泥堆积高度都在1米至4米水位，1米以上水位呈现的是崇明1000多年的人文历史变化，水面下记录的则是长江在崇明岛堆积的5000年潮沟地质地貌变迁史。

同时，崇明岛地处亚洲东南沿海地区，受亚热带季风性气候的影响，加上潮汐的涨落，形成了岛上得天独厚的湿润空气和土壤条件，美好的生态环境孕育了湿地生物的多样性。在崇明岛环岛大堤旁高耸挺拔的中国水杉树、湿地潮沟水森林区域的杉树群落及柳树群落下，生长着一种奇妙的生物——苔藓（又称"青苔"），苔藓是空气质量的指示植物，对空气质量、湿度、温度、尘土都有着极高的要求，它的存在进一步证实了西沙良好的生态环境。

我在哪里？

潮沟 水森林潮沟游览区

苔藓 中国水杉树、杉树群落及柳树群落之下

芦苇下的 "卫士军"

◇

　　芦苇下有一种平凡却很伟大的底栖动物，像古时的卫士一样每时每刻都在维护着湿地生态系统的平衡，它们就是淡水域的蛸蜞。西沙是蛸蜞的天堂，树林间、芦苇里一只只青青的、红红的蛸蜞在自己的屋外晒着太阳，游客走过，只看到一只只或大或小、或深或浅的洞穴；若有幸看到一两只跑错了洞穴，被"主人"堵在屋外，进退两难，那它肯定是雄蛸蜞。因为蛸蜞过着如同母系社会一样的生活，每个洞穴就是一家，一家一蛸蜞分得很清楚（俗话说"雌蛸蜞爬到雌蛸蜞洞管里"，充分说明了这个生活状态），因而小蛸蜞对它们的"父亲"的认知永远是个谜。

　　很多人分不清楚蛸蜞和崇明清水蟹，其实它们的生活习性、繁殖方式、外貌特征等都有差异。

　　蛸蜞，属于相手蟹科，生存于湿地环境，一对大螯是其显著特征，又可分为隐秘螳臂相手蟹和红螯相手蟹。前者多生存于芦苇沼泽地带，甲壳呈青色，后者多分布于森林沼泽地带，甲壳呈红色。蛸蜞是杂食性动物，除了爱吃芦苇叶，也吃腐生物质，在湿地生态系统中起到分解的作用，是湿地里的清道夫，同时其排泄物为湿地提供矿物质和盐分，滋养了水生植被。蛸蜞居住的洞穴竖直向下，其地下是可以连通的，在它们的世界有自己的规则，一蟹一个窝，互不打扰。这些大大小小的洞穴不仅使土壤更加松软，在涨潮时水灌进洞来，也达到了良好的蓄水效果。小小的蛸蜞是湿地系统的无名卫士，日夜维护着湿地生态系统平衡，没有它们就不会有湿地的草长莺飞四月天。

崇明清水蟹，学名为中华绒螯蟹，属方蟹科，头胸甲呈圆方形，其显著特征是大螯上密布细小绒毛。蟹不仅是餐桌上的美味，其"蟹沉海底"的故事一直为世人所铭记：由于母蟹需要在半咸水的刺激下才能发育成熟，因此每年母蟹和公蟹都要经过上千公里的长途跋涉（走了不少弯路），最终洄游至河口浅海交汇处完成交配，公蟹耗尽所有精力后沉入海底，母蟹在孕育完几十万只小螃蟹后，也完成了它的使命，像公蟹一样沉入海底，这样孕育出来的小蟹生命力才更加旺盛，才能经受住大风大浪。大自然又一次向人类传达生命的真理，父母对子女的爱是不需要回报的。

△ 中华绒螯蟹

△ 隐秘螳臂相手蟹

我在哪里？

蛸蜞 沼泽地带

崇明清水蟹 河海交界地带

223

湿地 "小精灵"

◇

在芦苇丛中，生活着一群快乐的"小精灵"，它们有着一张醒目的黄色小嘴，形状跟鹦鹉的嘴很相似，能灵巧地剥开芦苇叶鞘，啄食里面的虫子。这就是震旦鸦雀，中国特有的珍稀鸟种，被誉为"鸟中熊猫"。它们在滩涂湿地芦苇荡中筑巢、觅食，不会迁徙到远处，是当地的"土著居民"。

有趣的是，很少有人能够见到这些芦苇荡"土著"的真面目，因为只要人类一靠近，它们就飞得无影无踪。科学家考察发现，震旦鸦雀喜欢成群出没，它们有专门的"哨兵"，在遇到危险时，"哨兵"会发出警戒鸣叫，提醒同伴迅速逃离。

震旦鸦雀还是"模范夫妻"、好爸妈。每年四五月，它们告别"集体生活"，准备"成家立业"。它们的"蜜月"相当长，从4月下旬一直到10月，这恐怕能羡煞不少人类新婚夫妇。震旦鸦雀的"新居"架在2—6根芦苇上，巢呈杯状，巢口近圆形，十分精美。建巢的材料主要取自芦苇，如芦苇的茎、叶鞘。产卵后，雌雄鸟不分昼夜，轮流孵卵。雏鸟孵出后，爸妈精心抚育。刚离巢时，雏鸟还不能飞行，而是在密集的芦苇秆间攀爬跳跃，还常扇动小翅膀练习飞行。此时雏鸟依然靠父母喂养，直到羽翼丰满、能独立觅食。离巢后的"监护期"长达20天。

震旦鸦雀的食、住、繁衍后代都依靠芦苇丛，保护芦苇丛就是保护这些小精灵赖以生存的家园。

我在哪里？

震旦鸦雀 在大片芦苇丛中就能找到它们的身影，记得要轻手轻脚

我在哪里?

湿地植被 湿地周边
均可观察

△ 湿地植被

湿地 "守护神"

◇

　　西沙湿地位于崇明岛陆地与长江的过渡地带,它兼备丰富的陆生、水生动植物资源,形成了其他任何单一生态系统都无法比拟的天然基因库和独特的生物环境。园内环境孕育了独特的"海三棱藨草—藨草—芦苇"湿地植被,它们庇护和养育着整个湿地多样性的动植物。

　　在与动物的共生关系中,湿地植被处于食物链的最底层。芦苇为湿地卫士蛸蟏提供了鲜嫩的叶子和庇护场所,藨草是鸟类能量的补给站,也为鱼类、底栖动物提供了很好的栖息地。在与人类的共生关系中,芦苇吸收潮水中的有害物质,提高了东风西沙水库周边水域的环境净化功能,而水库的建立进一步改善了湿地水质,让湿地植被生长得更加茂盛,丰富的食物来源吸引了大量的候鸟前来驻足觅食，西沙湿地候鸟的数量逐年增加。

西沙湿地植被像守护神一样，守护芸芸生灵；在这里可以经常看到白鹭与灰鹭齐飞的美景，偶尔看到江鸥与海鸥竞翔以及江豚与海豚翻飞的场景，同时这里也是有恐龙时代"活化石"之称的中华鲟时常出没之地。

百变森林梦幻秀

◇

一棵棵或挺拔或袅娜的身姿位于水上，水面被树枝的倒影染成翠绿色，偶尔一群群颜色艳丽的鱼从中游过……这里是森林湿地，由以湿生植物和沼生植物为主组成的森林群落和由耐湿的乔木、灌木为优势植物所构成，在调节气候、蓄洪防旱、净化水

▽ 生长在水中的树木

质、为动物提供栖息环境等方面具有重要的作用。

水森林有23种湿地木本植物，其中重要的有池杉、落羽杉、中山杉，它们均是落羽杉属。水中的杉树和陆地上的杉树明显不同，水中的杉树树干基部膨大，有曲膝状的呼吸根（也被称为湿地中"移动的生命呼吸器官"，要形成发育完全的呼吸器官，需要2年以上的时间，而且必须经历2—3个月枯水期）。这是因为它们生长在水中，所以为了吸收更多的氧气，根部会膨大，以适应长期的水下生活。同样是杉树，在水里生长的要比陆地上的更加笔直粗壮。

水森林亦是本地秋季的另一种淡水天然而成的"红"树林，是候鸟的越冬场和迁徙中转站，更是各种海鸟觅食栖息、生产繁殖的场所。

天然的水森林，其百变的魅力所在是其树叶的颜色随着季节更迭而变换，尤其以水中的池杉最为动人。种植在水中的池杉，历经风吹浪打、潮水淹没，生命力更顽强，生长更旺盛。待到秋天，树叶的叶绿素慢慢褪去，胡萝卜素呈现出来，水里池杉的颜色变得更红而艳丽。忽有一阵狂风吹过，树叶纷纷坠落，漂浮于宁静的水面，一眼望去不由让人怀疑这到底是陆地还是水面。一条鱼探出水面，树叶

我在哪里？

水森林 沿着西沙木栈道顺时针前行，经过荷花池、观鸟台后就能看到

随着波动向周围扩散，这才让你从梦中惊醒，并不禁感叹大自然的无穷之美与人类的保护、修复息息相关！

野趣酷玩

捉蛸蜞斗智斗勇

◇

来到西沙湿地，怎么能错过与蛸蜞斗智斗勇的欢乐时刻？是时候发挥你的聪明才智"引蛸出洞"了。钓蛸蜞的过程是亲近自然、开动脑筋、近距离观察蛸蜞的肢体结构、感受探索大自然的无限乐趣的好机会。

△ 钓蛸蜞

蛸蜞是湿地的无名英雄，在它们维护崇明生态环境的同时，人类也需要用心去爱护它们。

观西沙落日宁静致远

◇

漫步于西沙湿地7000米的栈道上，穿梭于芦苇丛间，听候鸟鸣唱，观潮起潮落。斜阳缓缓移动，一寸一寸从地面消失，与西沙落日来一次偶遇，才不辜负这闲庭野趣。西方的天空一片亮红，滩涂在夕阳的映照下熠熠生辉，江面上洒下一片永恒的金色。

游水上森林美景尽享

◇

进入西沙湿地，一艘艘白蓝相间的游船停泊在湖面，为了环保，这里的船使用电动和人力脚踏两种，游客可以任选其一。

△ 归航

和家人朋友坐上一艘小船徜徉在宁静的湖面，穿梭于芦苇和水森林之间，仿佛置身于亚马孙河，可以放松闲聊，观倦鸟归林。

穿越芦荡，舒心换肺

漫步在中国道家养生之道的八卦木栈桥上，与芦苇亲密接触，感受湿地的旖旎风光；或是来一次穿越芦荡迷宫，近距离感受西沙湿地地质地貌的芦荡景观变迁。

▽ 游水上森林　　　　　　　　　▽ 与芦苇亲密接触

野 趣 点 滴

____年___月___日___ 天气_____ 地点___

天马山公园

　　说起上海近郊，也许你对佘山更为熟悉，但天马山绝对是藏在佘山光环背后的佳境。它位于佘山西南约 7000 米处，邻近辰山植物园，是佘山九峰十二山中山林面积最大、海拔最高的一座山，也是上海陆地上最高的山。传说春秋时期吴国干将铸剑于此而得名干山，山上还有一座著名的斜塔——宋代护珠宝光塔，登上山顶就能远眺整个佘山地区。因它的山形如一匹展翅欲飞的天马，因此有了今天的名字。

　　相比不远处的佘山，天马山的游客要少得多，人为干扰也少了很多。它的植被环境更近于自然，树木葱郁，花草茂盛，吸引了众多鸟儿在此栖息。这里是上海地区难得一见的山林生境，为石龙子等一些生境特殊的动物提供了仅存的栖息环境，这里也是上海春秋迁徙季节观察山林鸟类、夏季观察爬行类动物的秘境。

野趣推荐

石龙子的家

◇

天马山最值得一提的动物莫过于石龙子了，在上海地区只有这里才容易找到。在天马山的岩壁和石阶上，如果运气足够好、眼睛又足够尖，就有机会发现它们的身影。蓝尾石龙子、铜石龙子等不同颜色的石龙子，往往会在晴朗的天气里选择在石头上晒太阳。当然，如果想仔细观察它们，那可得小心翼翼，因为如果一不留神引起它们的注意，一刹那间它们就会爬得无影无踪了。这种惊奇感，正是天马山最吸引人的野趣之处，绝对值得推荐。

△ 石龙子（何鑫摄）

野趣寻踪

精彩的植物家园

◇

以天马山为代表的佘山九峰虽然面积都不大，却因为人为干扰少，保存了上海地区最为丰富的植物种类。早在18世纪中叶，就有不少外国学者在上海佘山地区采集植物，绵毛马兜铃、佘山羊奶子、疏毛魔芋、鹅毛竹等植物的模式标本就采集于佘山地区。其后，上海地区的科研院所也多次在佘山地区进行植物的采集和调查。

时至今日，佘山地区依旧是上海地区自然植被最多、生长状况最为良好的地区之一，其中又以天马山的植被状况最为自然，各种大树随处可见，黑松、油桐、毛竹等郁郁成林。其中最著名的一棵树就紧挨着天马山上最著名的景点——护珠塔。作为天马山上的一大胜景，这座建于北宋的古塔本来并不倾斜，因后人在塔底拆砖觅宝，使塔身日益倾斜，倾斜度甚至超过了意大利比萨斜塔，但仍旧屹立不倒，号称"天

◁ 天马山竹林（何鑫摄）

△ 榆树（涂荣秀摄）　△ 麻栎（涂荣秀摄）

下第一斜塔"。紧挨着这座斜塔的地方就长有一棵古银杏树，据说已经有 700 多年的树龄，依旧显现着勃勃生机。

除了名塔，山上还有著名的濯月泉和三高士墓等名胜，同样大树参天。除了古树，各个季节次第开放的花朵也是天马山上最美丽的景色之一。尤其是早春，漫山遍野的二月兰盛开，将整个山路两边装点成紫色的海洋，其间蜂飞蝶舞，美不胜收。中秋时节，山林里被各种野菊花覆盖，让人流连忘返。

我在哪里？

古树风姿　最佳观赏地点在护珠塔旁区域

野花迎春　最佳观赏地点在沿着西门进入后上山的路上，最佳观赏时间是早春和中秋

护珠塔　山顶

濯月泉　护珠塔的南坡，被"茶圣"陆羽誉为"天下第四泉"

三高士墓　在山的东南部，是元代著名文人杨维桢、钱惟善、陆居仁三人的墓

缤纷的动物世界

◇

天马山，作为上海地区仅存不多的山林生境，对于野生动物而言，是一座绝佳的庇护所。以鸟为例，除了上海常见鸟种，我们还有机会在这里观察到不常见的林地鸟类，甚至还有一些是整个上海都罕见的特色鸟种呢。

无论从哪个门进入天马山，给你最大的感受一定是幽静林木中各色鸟鸣。大门口附近，树麻雀、白头鹎、白鹡鸰就在石阶路旁鸣叫。当我们继续前进，半山腰的水塘总会吸引不同的鸟儿前来，平常有白腰文鸟，春秋季节会有北灰鹟、灰纹鹟，冬天则有灰头鸫、黄喉鹀作为代表。继续上山，随着树林愈发葱郁，我们开始听到大山雀轻快的鸣叫。冬春交替之际，我们很容易在这里看到北红尾鸲、红胁蓝尾鸲、白腹鸫、斑鸫、红尾鸫、黑尾蜡嘴雀和金翅雀的身影。运气好的话，在迁徙期，灰林鹏、白腰朱顶雀等罕见鸟类会出现在这里。爬到山顶，从林木间望向天空，凤头蜂鹰、苍鹰、赤腹鹰、雀鹰这些猛禽都会在附近掠过。

◁ 凤头鹰（薄顺奇摄）

△ 白头鹎（李柯摄）　　△ 黄眉柳莺（薄顺奇摄）　　△ 虎斑地鸫（薄顺奇摄）

据《松江县志》记载，天马山历史上甚至还有梅花鹿、虎、獐、豺、金钱豹、麂子、野猪等丰富的兽类物种。现在只有一些小型兽类残存于此，赤腹松鼠就在松柏间的树枝上跳跃，茂密的草丛间也有貉留下的痕迹。天马山最有特色的动物寻觅之旅，就是在岩壁和石阶上寻觅爬行动物。蓝尾石龙子、铜石龙子是这里的明星，晴朗的天气里，留意那些显眼的石头，往往就能发现它们灵巧而可爱的身影。天马山中这么多上海市区少见的动物物种，为上海这座高楼林立的城市添加了独具一格的野趣。

我在哪里？

林鸟　沿着西门或东门进山，一路各处都可以进行观鸟，留意水塘，水塘会吸引不同的鸟儿前来；留意路两边的高树，可能有罕见的林鸟；留意头顶的开阔空间，可能有猛禽飞过

兽类　山上茂密的树木上层是赤腹松鼠活跃的活动场所

爬行类　小心地登上上山的石阶路，留意两边，可以找到石龙子的身影

野趣酷玩

寻觅野生动植物

◇

在整个天马山的四季，都可以进行植物观察活动，除了寻找那些著名的采自佘山地区的模式标本的植物外，许多美丽的野花野草也是值得关注和留意的。同时，护珠塔、濯月泉和三高士墓等风景名胜之地，都是认识了解古树名木的佳处。

在天马山，可以按照季节不同主要开展昆虫观察和鸟类观察活动，其间也可以穿插寻找兽类和爬行类的活动。

▽ 在天马山观察植物（严晶晶摄）

野趣视点

守护身边的野趣

◇

　　与上海市其他公园绿地相比，天马山最大的特点就是足够野性和自然，人工植被的痕迹最小，使它成为上海地区独一无二的次生林地植被生境，因此这里居住着一些市区罕见的野生动物物种。它对上海这样一座大都市而言，是一块难能可贵的自然宝地。所以，在市区其他园林绿地的营造中，其实也可以借鉴天马山这样的上海地区原本应该具有的自然生境特点，使其更具有"野趣"。同时，也希望所有来到这个秘境的朋友，无论是游玩还是观赏鸟、兽、虫，都能本着喜爱自然的心，守护好这一片来之不易、毁之简单的城市山林。

△ 北红尾鸲（薄顺奇摄）

野 趣 点 滴

____年___月___日___ 天气_____ 地点___

后　记

◇

2010年上海世博会期间，世界自然基金会（WWF）上海项目办公室提出"野趣上海"的概念，并为便于国内外到访上海的人们领略和体验上海在平衡城市发展与自然保护方面的探索与成就，策划了一本《野趣·上海》宣传册。2012年初，WWF上海项目办公室与上海科技教育出版社合作，期望通过收集整理上海本地的自然教育资源，结合生动有趣的户外体验活动，创作一本面向公众、寓教于乐的出版物。

2012年，上海市野生动植物保护协会、上海市野生动植物保护管理站启动了"发现上海野趣"项目，广泛开展由公众参与的活动，推广和展示上海自然野趣资源，以多种互动体验活动形式吸引公众亲近自然、发现身边的野趣，以及积极参与保护野生动植物的行动。2014年，在上海第33届爱鸟周，上海市野生动植物保护协会联合《新民晚报》发布了包括上海20个野趣点的"野趣地图"。2017年，为了向市民集中展示宣传上海的自然野趣，又将每年一度的"发现上海野趣"展览会升级为"野趣嘉年华"，并作为上海市"爱鸟周"主题系列活动之一。

为了积极推动"野趣上海"自然保护理念，向公众传播负责任的旅行观念，在上海市野生动植物保护管理站和WWF的支持下，《野趣上海》一书得以面世。

这是一份时间的礼物，从立项、策划、组稿、审校到成书，历时一年半。自然博大精深，书中难免不足之处，敬请读者和专家指正。

限于篇幅，本书只汇集了沪上15处具有代表性的野趣点，包括科普教育场馆和自然主题公园。每一个野趣点都如同一个坐落在城市中的野趣驿站，为人们在忙碌生活中提供一处亲近自然、歇息心灵的空间。全书分为三个部分，第一部分称为"馆藏自然"，呈现上海独特而丰富的自然展览资源。其中"上海自然博物馆"由杨刚、朱筱萱（上海自然博物馆）执笔，"上海海洋水族馆"由彭丽瑾（上海海洋水族馆）执笔，"上海昆虫博物馆"由殷海生（上海昆虫博物馆）执笔，"苏州河梦清园环保主题公园"由李柯（上海无痕生态工作室）执笔。第二部分称为"公园野趣"，引导读者到近在身边的公园里寻找野趣。其中"上海植物园"由赵莺莺（上海植物园）执笔，"上海动物园"由夏欣（上海动物园）执笔，"上海后滩湿地公园"由何鑫（上海自然博物馆）执笔，"世纪公园蔬菜花园"由谢文婉、杨静（上海四叶草堂青少年自然体验服务中心）执笔，"辰山植物园"由寿海洋（上海辰山植物园）执笔，"上海共青森林公园"由张凯（上海共青森林公园）执笔。第三部分称为"远郊秘境"，唤起人们走向远郊，探索城市边缘的荒野。其中"上海滨江森林公园"由何鑫（上海自然博物馆）执笔，"吴淞炮台湾国家湿地公园"由宋晨薇（华东师范大学）执笔，"上海崇明东滩鸟类国家级自然保护区"由冯雪松（上海崇明东滩鸟类国家级自然保护区）执笔，"上海崇明西沙国家湿地公园"由胡坚（上海村村游工作室）执笔，"天马山公园"由何鑫（上海自然博物馆）执笔。

全书由李柯、施雪莲、严晶晶统筹图文。封面照片由丁凌拍摄，各个篇章的图片在正文配图中已注明摄影作者,未注明出处的图片均由相应篇章的科普场馆或公园管理方提供。

感谢参与各章节撰稿伙伴的倾力付出,将原汁原味的上海野趣现诸笔端。感谢负责统稿的钱晓艳和上海科技教育出版社的编辑们付出的不懈努力,使各个篇章形成较为统一的风格。感谢上海市科普教育基地联合会对撰稿工作给予的大力支持。感谢上海市公园管理事务中心对图片统筹等工作的关心和协助。感谢《新民晚报》董春洁提供了上海野趣地图(2014年版),本书在此基础上进行更新后,让新加入的野趣驿站跃然纸上。

一书在手,野趣在心,我们期待喜爱大自然的大小朋友们,加入探索野趣的自然旅行,在观察、体验和享受四季变幻的自然野趣之时,也传递负责任的"无痕山林"旅行准则,参与保护身边的野趣家园,让野趣旅行成为一种与大自然和谐相处的生活方式。

《野趣上海》编写组

2017年6月1日

无痕山林户外准则
Leave No Trace Outdoor Principles

◇

事前充分规划与准备
Plan Ahead and Prepare

在可承受地点行走宿营
Travel and Camp on Durable Surfaces

适当处理垃圾以维护环境
Dispose of Waste Properly

保持环境原有的风貌
Leave What You Find

减低用火对环境的冲击
Minimize Campfire Impacts

尊重野生动植物
Respect Wildlife

考量其他使用者
Be Considerate of Other Visitors

图书在版编目（CIP）数据

野趣上海 /《野趣上海》编写组著；—上海：上海科技教育出版社，
2017.7

ISBN 978-7-5428-6581-6

I. ①野… II. ②野… III. ①自然科学—普及读物 IV. ①N49

中国版本图书馆CIP数据核字(2017)第174837号

责任编辑　伍慧玲　王怡昀
装帧设计　李梦雪

上海科普图书创作出版专项资助

野趣上海

《野趣上海》编写组　著

出　　版　上海世纪出版股份有限公司
　　　　　上 海 科 技 教 育 出 版 社
　　　　　（上海市冠生园路393号　邮政编码200235）
发　　行　上海世纪出版股份有限公司发行中心
网　　址　www.sste.com　www.ewen.co
经　　销　各地新华书店
印　　刷　上海锦佳印刷有限公司
开　　本　889×1194　1/32
印　　张　8
版　　次　2017年7月第1版
印　　次　2017年7月第1次印刷
书　　号　ISBN 978-7-5428-6581-6/N·1016
定　　价　48.00元

野 趣 上 海

YEQU SHANGHAI

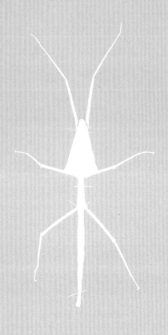

野 趣 上 海

YEQU SHANGHAI